Gurpreet Singh
Yacov Sahijpaul

Torneamento CNC de aço de médio carbono

Gurpreet Singh
Yacov Sahijpaul

Torneamento CNC de aço de médio carbono

ScienciaScripts

Cover image: www.ingimage.com

This book is a translation from the original published under ISBN 978-620-2-05727-1.

Publisher:
Sciencia Scripts
is a trademark of
Dodo Books Indian Ocean Ltd. and OmniScriptum S.R.L publishing group

120 High Road, East Finchley, London, N2 9ED, United Kingdom
Str. Armeneasca 28/1, office 1, Chisinau MD-2012, Republic of Moldova, Europe
Printed at: see last page
ISBN: 978-620-7-77861-4

PREFÁCIO

O atual ambiente competitivo na indústria levou à prescrição de limites de tolerância rigorosos para a rugosidade da superfície das peças fabricadas, pelo que este trabalho se centrou na otimização da rugosidade da superfície do aço AISI 1040 durante a operação de torneamento CNC em molhado. O objetivo desta investigação experimental foi analisar o efeito dos parâmetros de corte controlados, nomeadamente a velocidade de corte, a taxa de avanço, a profundidade de corte, a concentração do fluido de corte e dois fluidos de corte com diferentes óleos de base na rugosidade da superfície (Ra) do aço EN8 ou AISI 1040 durante a operação de torneamento, utilizando o design de experiências, o método de design personalizado, a análise de variância, os gráficos de alavancagem e o perfil de desejabilidade utilizando o software JMP para estudar as características de desempenho na operação de torneamento CNC húmido. A análise revela que a taxa de alimentação tem o efeito mais significativo na rugosidade da superfície (Ra) e que o valor da rugosidade da superfície não difere significativamente entre os dois fluidos de corte diferentes utilizados.

ÍNDICE

CAPÍTULO 1
INTRODUÇÃO

1.1 Giro

O torneamento é a operação principal na maior parte do processo de produção na indústria, é um processo de remoção de material em que o movimento principal da ferramenta de corte de ponta única é paralelo ao eixo de rotação da peça de trabalho em rotação. A peça de trabalho é normalmente mantida num dispositivo de fixação de trabalho conhecido como mandril e a ferramenta é montada na coluna de ferramentas. Ao rodar, a ferramenta de corte avança na peça e remove o material paralelamente ao eixo de rotação [1].

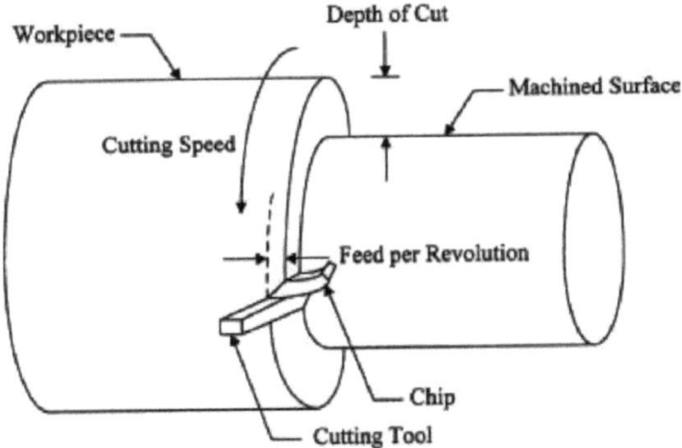

Fig. 1.1 Operação de viragem.

1.1.1 Parâmetros que afectam as características das peças torneadas

Existem numerosos parâmetros que afectam as características das peças a tornear, incluindo a precisão dimensional e a rugosidade da superfície, que são a geometria da ferramenta ou da pastilha, o material da ferramenta, a velocidade de corte, o avanço, a profundidade de corte, as condições de corte a seco, as condições de corte a húmido, etc., cuja explicação sucinta é dada a seguir [2].

1.1.1.1 Geometria da ferramenta As várias dimensões das ferramentas de corte, como a haste, a ponta, a face de ataque, a face de flanco, etc., resultam na formação da geometria da ferramenta, que consiste em ângulos de ataque, ângulos de relevo, ângulos da aresta de corte e raio da ponta.

Noções básicas de terminologia de ferramentas de corte

As partes comuns de uma ferramenta de corte de ponta única são apresentadas na fig. 1.2 [3].

a) **Haste** É o corpo principal da ferramenta. É utilizada para segurar a ferramenta no suporte.

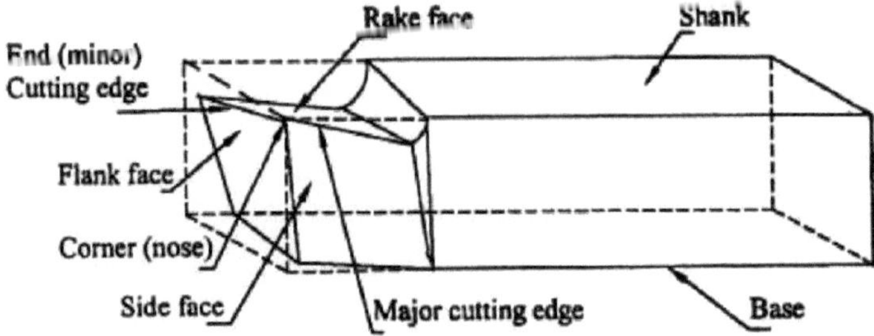

Fig. 1.2 Ferramenta de torneamento à direita [3]

b) **Superfície de inclinação** É a superfície da ferramenta ao longo da qual as aparas deslizam.

c) **Arestas de corte:** são as arestas na face da ferramenta que removem o material da peça de trabalho. São de dois tipos: aresta de corte maior e aresta de corte menor.

d) **Nariz** É o ponto de intersecção das arestas de corte maior e menor.

e) **Base** É a superfície de apoio da ferramenta quando esta é fixada na coluna da ferramenta.

f) **Face lateral** É a face que se encontra com a face de ataque e a face de flanco no nariz, que também é aliviada.

Os vários ângulos incluídos na geometria da ferramenta de corte de ponta única são apresentados nas figuras abaixo (1.3) a partir de diferentes vistas, de acordo com o sistema americano de especificação de ângulos de ferramentas [3].

a) **Ângulos de inclinação** Os ângulos de inclinação positivos (laterais e posteriores) aumentam o desempenho de corte da ferramenta, diminuindo as forças de corte, a deflexão da peça e o consumo de energia. Por outro lado, os ângulos de saída negativos aumentam as forças de corte, mas tornam a ferramenta mais forte ou menos suscetível de fratura ou esfarelamento.

b) **Ângulos de relevo** O relevo é proporcionado nos flancos laterais e nas extremidades, a fim de minimizar a interferência física ou o contacto por fricção com a superfície maquinada da peça. Os ângulos de alívio mais pequenos não enfraquecem tanto a aresta de corte como os ângulos de alívio maiores. Por conseguinte, é habitual prescrever ângulos de alívio mais pequenos quando o material da ferramenta é frágil ou a peça tem uma elevada resistência à tração ou ambos, por outro lado, ângulos de alívio maiores proporcionam um corte mais limpo e reduzem o atrito nos flancos, provocando uma redução das forças de corte.

c) **Ângulos da aresta de corte** Quanto maior for o ângulo da aresta de corte lateral, menor será o avanço real, o avanço real é apenas metade do avanço nominal. Quando o ângulo da aresta de corte lateral é igual a 60⁰ , é possível aumentar o avanço mantendo a vida da ferramenta. Por outro lado, a possibilidade de vibração de vibração aumenta com o aumento do ângulo da aresta de corte lateral.

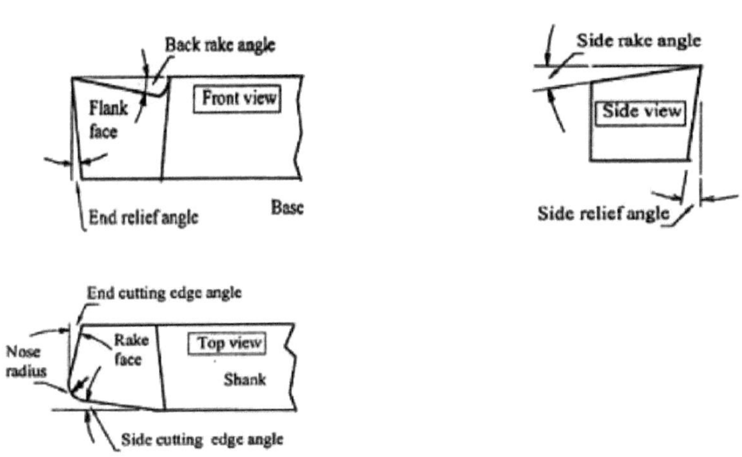

Fig. 1.3 Ângulos da ferramenta de corte [3]

d) **Raio de ponta** Um raio de ponta maior permite um melhor acabamento da superfície; por outro lado, a redução da ponta a um ponto pode tornar o acabamento da superfície inaceitável; o aumento do raio de ponta também melhora a vida útil da ferramenta, permitindo a utilização de velocidades de corte mais elevadas. No entanto, a possibilidade de vibração aumenta quando o raio da ponta é aumentado excessivamente.

1.1.1.2 Geometria de inserção

As pastilhas para ferramentas de corte são amplamente utilizadas na maquinagem porque são económicas e adaptáveis a muitos tipos diferentes de operações de maquinagem: torneamento, furação, roscagem, fresagem e mesmo perfuração. Estão disponíveis numa variedade de formas, como mostra a fig. 1.4, e de tamanhos, para a variedade de situações de corte encontradas na prática. As pastilhas não são fabricadas com arestas de corte perfeitamente afiadas, porque uma aresta de corte afiada é mais fraca e fracturase mais facilmente, especialmente no caso de materiais de ferramentas muito duros e frágeis, a partir dos quais as pastilhas são fabricadas. Em geral, os ângulos de ponta maiores são seleccionados pela sua resistência e economia, mas requerem mais potência e existe uma maior probabilidade de vibração. As pastilhas em forma de losango com ângulos agudos são mais versáteis e acessíveis quando se pretende efetuar uma variedade de operações. Estas podem ser mais facilmente posicionadas em espaços apertados e podem ser utilizadas não só para tornear mas também para facear [4]. A pastilha rômbica com um ângulo de ponta de 80^0 é frequentemente utilizada, uma vez que constitui um compromisso eficaz para todas as formas de pastilhas e é adequada para muitas operações [5].

A figura 1.4 mostra as formas de inserção comuns que, a partir da esquerda, são: redondo, quadrado, losango (com dois ângulos de 80^0 pontos), hexágono (com três ângulos de 80^0 pontos), triângulo (equilátero), losango (com dois ângulos de 55^0 pontos) e losango (com dois ângulos de 35^0 pontos) [5].

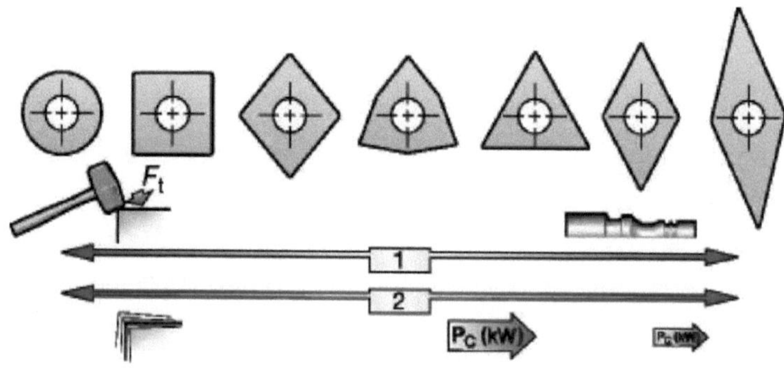

Fig. 1.4 Formas de inserção comuns [5]

Aqui na figura 1.4, a escala 1 indica a resistência da aresta de corte. As pastilhas à esquerda têm ângulos de ponta maiores e são correspondentemente mais fortes. As pastilhas à direita têm melhor versatilidade e acessibilidade. A escala 2 indica que as tendências de vibração aumentam para a esquerda, enquanto os requisitos de potência diminuem para a direita.

1.1.1.3 Materiais de ferramentas de corte e suas propriedades essenciais.

As ferramentas de corte têm de possuir um conjunto de propriedades importantes para evitar o desgaste excessivo, a falha por fratura e as temperaturas elevadas no corte. As características seguintes são essenciais para que os materiais de corte resistam às condições difíceis do processo de corte e produzam peças económicas e de elevada qualidade.

1) **Dureza a quente** A dureza a temperaturas elevadas é importante para que a dureza e a resistência da ferramenta sejam mantidas a temperaturas de corte elevadas. A dureza a quente para vários materiais de ferramentas é mostrada abaixo na fig. 1.5.

2) **Resistência** É a capacidade do material de absorver energia sem falhar. O corte é frequentemente acompanhado por forças de impacto, especialmente se o corte for interrompido, e a ferramenta de corte pode falhar muito rapidamente se não for suficientemente forte.

3) **Resistência ao desgaste** Embora exista uma forte correlação entre a dureza a quente e a resistência ao desgaste, esta última depende de mais do que apenas a dureza a quente. Outras características importantes incluem o acabamento da superfície da ferramenta, a inércia química do material da ferramenta em relação ao material de trabalho e a condutividade térmica do material da ferramenta, que afecta o valor máximo da temperatura de corte na interface ferramenta/pastilha.

1.1.1.3.1 Aços ao carbono É o mais antigo dos materiais para ferramentas. O teor de carbono é de 0,6-1,5 % com pequenas quantidades de silício, crómio, manganês e vanádio para refinar o tamanho do grão. A dureza máxima é de cerca de HRC 62. Este material tem baixa resistência ao desgaste e baixa dureza a quente. A utilização deste material é atualmente muito limitada.

1.1.1.3.2 Aço rápido [HSS] Produzido pela primeira vez em 1900. São altamente ligados com vanádio, cobalto, molibdénio, tungsténio e crómio, que são adicionados para aumentar a dureza a quente e a resistência ao desgaste. Pode ser endurecido a várias profundidades através de tratamento térmico adequado até à gama de dureza a frio de HRC 63-65. O componente de cobalto confere ao material um valor de dureza a quente muito superior ao dos aços ao carbono. A elevada tenacidade e a boa resistência ao desgaste tornam o HSS adequado para todos os tipos de ferramentas de corte com formas complexas para velocidades de corte relativamente baixas a médias. É o material de ferramenta mais utilizado atualmente para machos, brocas, alargadores, ferramentas de engrenagens, etc.

1.1.1.3.3 Carbonetos cimentados Introduzidos nos anos 30, estes são os materiais de ferramentas mais importantes atualmente devido à sua elevada dureza a quente e resistência ao desgaste. A principal desvantagem dos carbonetos cimentados é a sua baixa tenacidade. Estes materiais são produzidos por métodos de metalurgia do pó, sinterizando grãos de carboneto de tungsténio (WC) numa matriz de cobalto (Co), uma vez que o cobalto proporciona tenacidade. Podem existir outros carbonetos na mistura, como o carboneto de titânio (TiC) e/ou o carboneto de tântalo (TaC), para além do WC. Os carbonetos cimentados estão disponíveis como pastilhas produzidas por um processo de metalurgia do pó. As três classes básicas de carboneto cimentado de acordo com a ISO são apresentadas no quadro 1.1 [6].

Tabela 1.1 Três classes básicas de carbonetos cimentados [6]

SYMBOL	COMPOSITION	WORK MATERIAL
P	WC + TiC	Low carbon, stainless and other steels
M	WC + TiC+ TaC	All types of materials, especially difficult to cut
K	WC	Cast iron, non-ferrous materials, non metallic materials

É aplicado um revestimento muito fino (~ 10 μm) a um substrato de grau K, que é o mais resistente de todos os graus de carboneto. O revestimento pode ser constituído por uma ou mais camadas finas de material resistente ao desgaste, como carboneto de titânio (TiC), nitreto de titânio (TiN), óxido de alumínio (Al2O3) e outros materiais mais avançados. O revestimento permite um aumento significativo da velocidade de corte para a mesma vida útil da ferramenta.

1.1.1.3.4 Cerâmica Os materiais cerâmicos são constituídos essencialmente por óxido de alumínio (Al2O3) de elevada pureza e de grão fino, prensado e sinterizado sem aglutinante. Estão disponíveis dois tipos.

1) Cerâmica branca ou prensada a frio que consiste apenas em Al2O3 prensado a frio em pastilhas e sinterizado a alta temperatura.

2) Cerâmica preta ou prensada a quente, vulgarmente conhecida como cermets (de cerâmica e metal). Ambos os materiais têm uma resistência ao desgaste muito elevada, mas baixa tenacidade; por conseguinte, são adequados apenas para operações contínuas, como o acabamento e o torneamento de ferro fundido e aço a velocidades muito elevadas. Não se verifica a ocorrência de arestas postiças e não são necessários refrigerantes.

1.1.1.3.5 Nitreto cúbico de boro (CBN) e diamantes sintéticos O diamante é a substância natural mais dura que se conhece. É utilizado como material de revestimento na sua forma policristalina, ou como ferramenta de diamante monocristalino para aplicações especiais, como o acabamento espelhado de materiais não ferrosos. A seguir ao diamante, o CBN é o material de ferramenta mais duro. O CBN é utilizado principalmente como material de revestimento porque é muito frágil e é adequado para o corte de materiais ferrosos[6].

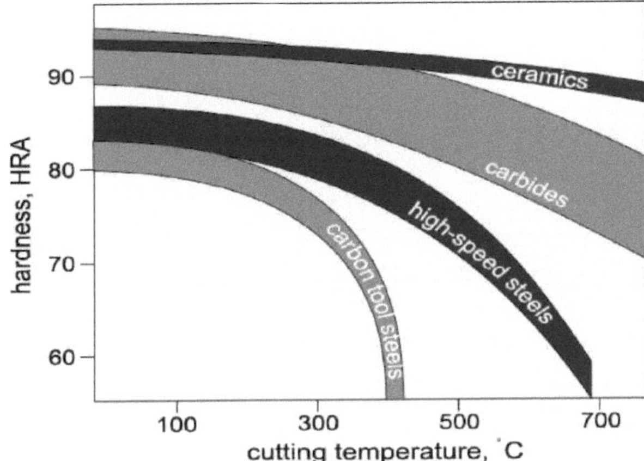

Fig. 1.5 Dureza a quente para diferentes materiais de ferramentas [6]

1.1.1.4 Velocidade de corte É definida como a velocidade relativa entre a ferramenta de corte e a superfície da peça de trabalho. É expressa em unidades de metros por minuto, sendo importante É importante conhecer a velocidade de corte ou a velocidade periférica para calcular a velocidade do fuso, uma vez que, se a velocidade do fuso não for correcta, pode levar a vibrações e à quebra da ferramenta. A seleção da velocidade de corte baseia-se na melhor utilização da ferramenta de corte específica, o que normalmente significa escolher uma velocidade que proporcione uma elevada taxa de remoção de metal e, ao mesmo tempo, uma longa vida útil da ferramenta. A velocidade de rotação no torneamento está relacionada com a velocidade de corte na superfície da peça cilíndrica, que é representada pela equação abaixo [4].

$$N = \frac{V}{\pi D} \quad \text{eqn. (1.1)}$$

Onde *N* é a velocidade do fuso com RPM como unidades, *V* representa a velocidade de corte ou velocidade periférica com m/s como unidades e D é o diâmetro original da peça de trabalho.

1.1.1.5 Avanço É a velocidade relativa com que a fresa avança ao longo da peça, o seu vetor é perpendicular ao vetor da velocidade de corte. O seu vetor é perpendicular ao vetor da velocidade de corte, as unidades de avanço dependem do movimento da ferramenta e da peça; quando a peça roda, como no caso do torneamento e do mandrilamento, as suas unidades são a distância por rotação do fuso em/rev ou mm/rev. Quando a peça não roda, como no caso da fresagem, as unidades são a distância por tempo em/min ou mm/min [7]. A relação entre a taxa de avanço linear com unidades (mm/min) e o avanço (mm/rev) é dada na equação abaixo [4].

$$f_r = Nf \quad \text{eqn. (1.2)}$$

Onde N é a velocidade do fuso com RPM como unidades, f_r representa a taxa de avanço em mm/min e f é o avanço em mm/rev.

1.1.1.6 Profundidade de corte É a espessura do material que é removido por uma passagem da ferramenta de corte sobre a peça de trabalho. As suas unidades são mm ou polegadas.

1.1.1.7 Corte a seco Refere-se à condição durante o torneamento em que não é utilizado qualquer fluido de corte para lubrificar a interface ferramenta-peça ou dissipar o calor. O corte a seco está por vezes associado à maquinagem a alta velocidade, uma vez que as condições de velocidade de corte mais elevadas transmitem uma grande quantidade de calor à apara, o que naturalmente reduz a necessidade de um fluido de refrigeração [8].

1.1.1.8 Corte por via húmida Na abordagem de corte por via húmida, o fluido de corte é aplicado durante a maquinagem para lubrificar e arrefecer a ferramenta e a peça de trabalho, de modo a evitar o seu desgaste e a obter um bom acabamento superficial da peça torneada.

1.2 Acabamento da superfície

O acabamento da superfície ou a textura da superfície consiste em desvios repetitivos e/ou aleatórios da superfície nominal do objeto; tem quatro componentes: a disposição, a ondulação, a rugosidade da superfície e os defeitos. A disposição é a direção do padrão de superfície predominante, determinada pelo método de produção utilizado. A ondulação é definida como os desvios de espaçamento muito maior; ocorrem devido à deflexão do trabalho, à vibração, ao tratamento térmico e a factores semelhantes. A rugosidade da superfície refere-se a desvios pequenos e finamente espaçados da superfície nominal que são determinados pelas características do material e pelo processo que formou a superfície; a rugosidade da superfície é sobreposta à ondulação. As falhas são irregularidades que ocorrem ocasionalmente na superfície; estas incluem fissuras, riscos, inclusões e defeitos semelhantes na superfície. Embora a rugosidade da superfície seja uma caraterística mensurável baseada nos desvios da rugosidade, tal como definido acima, o acabamento da superfície é um termo mais subjetivo que denota a suavidade e a qualidade geral de uma superfície. Na utilização popular, o acabamento da superfície é frequentemente utilizado como sinónimo de rugosidade da superfície. Dentro das limitações resultantes do fabrico dos componentes, o projetista tem de selecionar um estado de superfície funcional que satisfaça os condicionalismos operacionais, que podem ser a exigência de uma superfície lisa ou rugosa. A fig. 1.6 mostra as várias características da textura de uma superfície: espessura, ondulação e rugosidade [4].

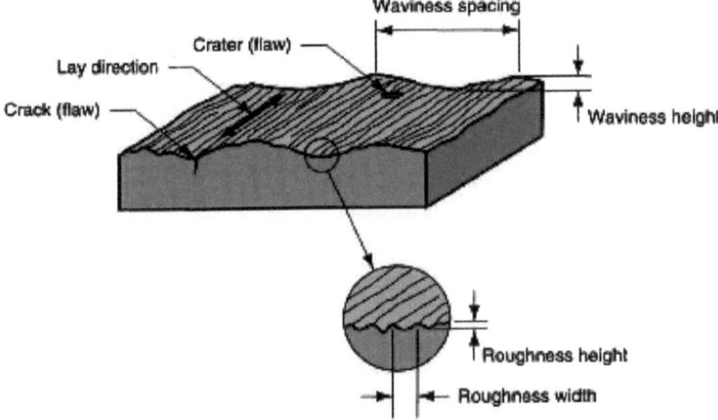

Fig. 1.6 Características da textura da superfície [4]

Os vários padrões de superfície de assentamento, que são verticais, horizontais, verticais, radiais, angulares ou cruzados, circulares e isotrópicos, que não têm qualquer direção de assentamento específica, são apresentados na fig. 1.7

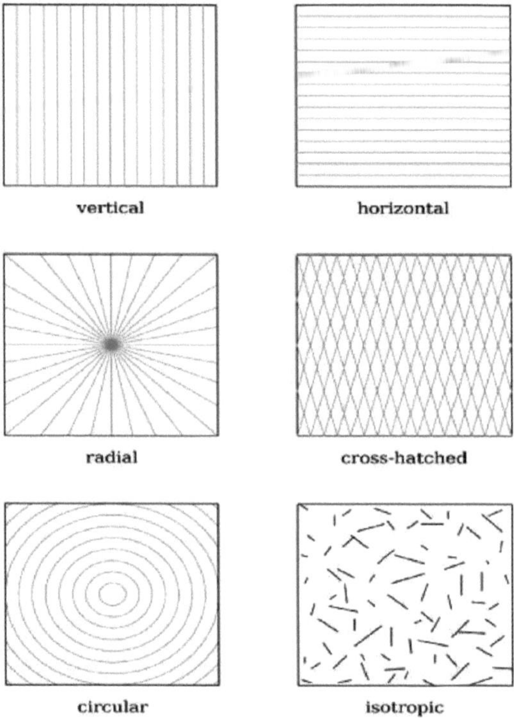

Fig. 1.7 Padrões de assentamento

1.2.1 Rugosidade da superfície

É a medida de textura de superfície mais comummente utilizada. É definida como a média dos desvios verticais dos desvios verticais da superfície nominal ao longo de um comprimento de superfície especificado. Utiliza-se geralmente uma média aritmética, baseada nos valores absolutos dos desvios, e este valor de rugosidade é designado por rugosidade média. A equação para a rugosidade média é apresentada de seguida.

$$R_a = \int \frac{|y}{} \quad \text{eqn. (1.3)}$$

Onde Ra valor médio aritmético da rugosidade, m (pol.), y = desvio vertical em relação à superfície nominal, m (pol.); e Lm = distância especificada ao longo da qual os desvios da superfície são medidos. De seguida, apresenta-se uma aproximação da equação 1.3 que é mais fácil de compreender.

$$R_a=\sum \quad — \quad \text{eqn. (1.4)}$$

Em que y_i são os desvios verticais convertidos em valor absoluto e n é o número de desvios incluídos em Lm.

1.3 Fluidos de corte

Os fluidos de corte ou óleos de corte são materiais de engenharia que optimizam a operação de maquinagem. São utilizados para lubrificação, dissipação de calor, prevenção da corrosão, eliminação de aparas, etc. As vantagens da utilização de fluidos de corte são [9].

1) **Melhoria da qualidade da peça** A utilização de fluido de corte reduz o atrito e o calor. A remoção do calor impede que a peça de trabalho se expanda durante a operação de maquinagem, o que causaria variações de tamanho e danos na microestrutura do material.

2) **Redução dos custos das ferramentas A** utilização correcta dos fluidos de corte aumenta a vida útil das ferramentas, o que reduz os custos das mesmas. O aumento da vida útil das ferramentas também reduz as mudanças de ferramentas e o tempo de inatividade, o que diminui os custos de mão de obra.

3) **Aumento das velocidades de corte e dos avanços** A utilização de fluidos de corte reduz o atrito e o aquecimento numa operação de corte. Isto permite a utilização de velocidades e avanços elevados, de modo a obter condições de corte óptimas.

4) **Melhoria do acabamento da superfície** A utilização eficaz de fluidos de corte ajuda a remover as aparas que, se ficarem presas entre a ferramenta e a peça de trabalho, podem causar riscos e também ajuda a evitar a formação de arestas postiças, melhorando assim o acabamento da superfície.

5) **Prevenção da ferrugem e da corrosão** O fluido de corte deixa uma película residual após a evaporação da água da superfície da ferramenta e da peça de trabalho, evitando assim a sua corrosão.

1.3.1 Tipos de fluidos de corte

Os fluidos de corte dividem-se em quatro grandes categorias, de acordo com os seus constituintes, que são os seguintes [10].

1) **Óleos simples** São também designados por óleos minerais e não são diluídos com água. Contêm óleo mineral ou de petróleo como óleo de base e contêm frequentemente lubrificantes polares, como gorduras, óleos vegetais e ésteres, bem como aditivos de extrema pressão, como cloro, enxofre, fósforo, etc., proporcionando a melhor lubrificação e as piores características de arrefecimento entre os fluidos de corte.

2) **Óleos solúveis São** uma mistura de água com óleo mineral; é adicionado um emulsionante para ajudar a produzir uma mistura estável. A figura 1.8 abaixo mostra as partes de água e óleo de um óleo solúvel sendo mantidas por uma extremidade polar e outra não polar de uma molécula de sulfonato de sódio e petróleo emulsionante.

3) **Fluidos sintéticos** Não contêm petróleo ou óleo mineral e são formulados a partir de compostos orgânicos e inorgânicos alcalinos, juntamente com aditivos para inibição da corrosão. Proporcionam o melhor desempenho de arrefecimento entre todos os fluidos de corte.

4) **Fluidos semi-sintéticos** Trata-se de uma combinação de óleos sintéticos e solúveis com características comuns aos dois tipos de fluidos.

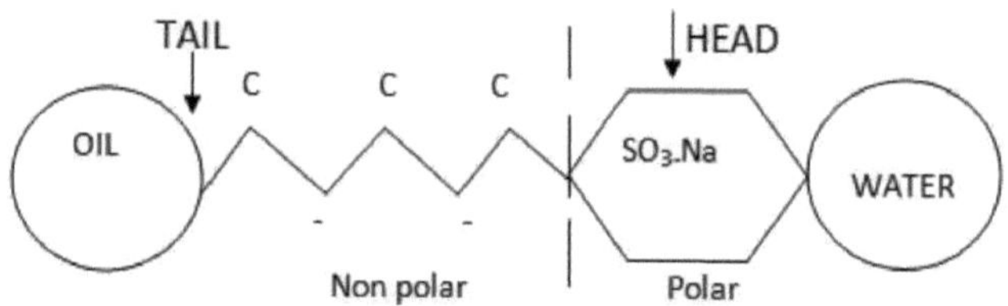

Fig. 1.8 Emulsionante, sulfonato de sódio e petróleo

1.3.2 Métodos de aplicação de fluidos de corte

Os fluidos de corte podem ser aplicados na interferência entre a ferramenta de corte e a peça de trabalho através de alguns métodos, como a aplicação manual, por inundação e por nebulização. Para um melhor desempenho, a aplicação do fluido de corte na zona de corte deve ser contínua e não intermitente.

Na aplicação manual, o operador utiliza um recipiente de óleo ou um pincel para aplicar o fluido de corte na região de corte. Este é o método mais fácil e mais económico de aplicação de fluido, mas tem uma utilização limitada na área da maquinagem. O seu desempenho é baixo em comparação com os métodos de aplicação contínua.

A inundação é o método mais comum de aplicação de fluido de corte na interface ferramenta/peça. Na aplicação por inundação, uma grande quantidade de fluido de corte é continuamente fornecida à região de corte com a ajuda de um tubo, mangueira ou bocal. Neste método, o fluido de corte é acumulado num reservatório, filtrado e bombeado de volta para o bocal de distribuição. Para obter o melhor desempenho de maquinação, a direção do bocal e o caudal dos fluidos de corte devem ser optimizados.

Na aplicação de névoa, os fluidos de corte são atomizados e soprados na interface ferramenta de corte/peça de trabalho. Este método não é muito eficaz do que a inundação no fornecimento dos fluidos de corte à zona de corte. A inalação da névoa pelo operador induz problemas de saúde, pelo que é necessária uma ventilação eficiente [11].

1.4 O papel da estatística na engenharia

As investigações científicas são importantes não só nos laboratórios académicos das universidades de investigação, mas também nos laboratórios de engenharia dos fabricantes industriais. A qualidade e a produtividade são objectivos característicos dos fabricantes industriais, que devem resultar em bens e serviços muito procurados pelos consumidores e que dão lucro às empresas que os fornecem. Atualmente, está a ser reconhecida a ligação necessária entre o estudo científico dos processos industriais e a garantia de que os produtos estão dentro dos limites de especificação desejados. A concorrência exige que se produza um produto melhor dentro dos limites das realidades económicas.

1.4.1 Conceção das experiências (DOE)

O projeto de experiências é uma técnica estatística introduzida por R.A Fischer na década de 1920. É uma ferramenta para desenvolver uma estratégia de experimentação que maximiza a aprendizagem utilizando um mínimo de recursos. A conceção de experiências é amplamente utilizada em muitos domínios com vastas aplicações. É frequentemente utilizado por engenheiros e cientistas para otimizar a resposta e diminuir a variabilidade. As técnicas de conceção de experiências são extremamente importantes em situações em que um novo produto ou processo deve ser desenvolvido de forma económica e fiável. Existem cinco fases no DOE, que incluem o planeamento, a seleção, a otimização, o teste de robustez e a verificação [12]. Os principais objectivos do DOE são

1. Identificar relações entre causa e efeito.
2. Proporcionar uma compreensão da interação entre os factores causais.
3. Determinação dos níveis a que devem ser fixados os factores controláveis para otimizar a fiabilidade.
4. Minimizar o erro experimental.
5. Melhorar a robustez do projeto ou do processo face às variações.

Nos laboratórios industriais, podem ser utilizadas experiências concebidas de forma sistemática para investigar as variáveis do processo que afectam a qualidade e a quantidade do produto durante o fabrico. A conceção de experiências permite-nos obter o máximo de informação de cada experiência realizada e, muitas vezes, requer um menor número de ensaios do que as experiências não planeadas, poupando assim tempo e recursos.

1.4.2 Conceção personalizada utilizando JMP

Com dois factores, um desenho fatorial completo explora o seu espaço de oportunidade organizando os pontos num quadrado, mas pode já saber que a área que quer explorar não é quadrada; nesse caso, a utilização de um desenho clássico obriga-o a fazer concessões. O design personalizado não implica compromissos e utiliza sempre da melhor forma o seu orçamento experimental. A utilização desta técnica de design permite-lhe enfrentar uma gama muito vasta de desafios de design, mas tudo dentro de um quadro unificado. É possível incluir uma mistura de factores na mesma conceção [13]. Para utilizar o desenho personalizado, começa-se por introduzir as variáveis e os constrangimentos do processo e, em seguida, o software estatístico JMP 10.0.2 adapta um desenho ao seu caso específico. O procedimento de construção do projeto personalizado e o projeto final criado com o software estatístico JMP versão 10.0.02 são apresentados nas figuras 1.9 e 1.10, respetivamente. O JMP é um programa informático de estatística desenvolvido pela unidade de negócios JMP do instituto SAS. Foi criado na década de 1980 e é utilizado para o controlo da qualidade, o D.O.E. na engenharia e na investigação científica.

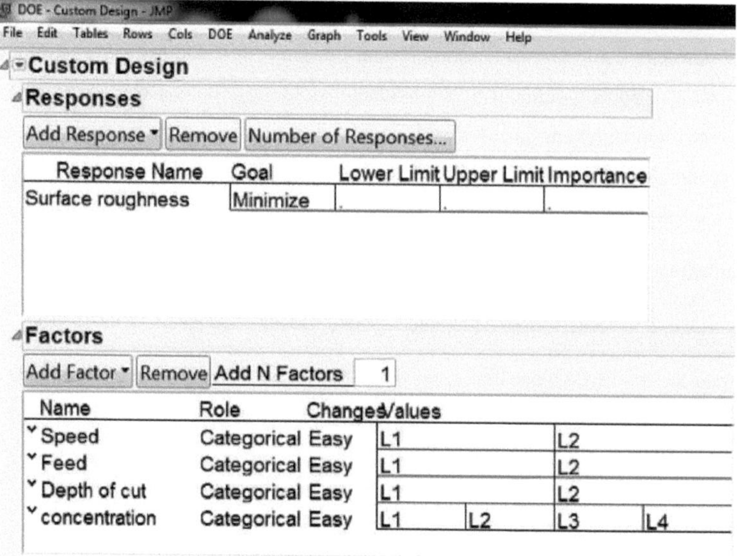

Fig. 1.9 Desenhador personalizado JMP

◿ Design

Run	D.O.C	Concentration	Speed	feed
1	L2	L3	L2	L1
2	L2	L1	L2	L2
3	L2	L4	L1	L2
4	L2	L2	L1	L1
5	L1	L1	L1	L1
6	L1	L4	L2	L1
7	L1	L3	L1	L2
8	L1	L2	L2	L2

Fig. 1.10 JMP Desenho personalizado para a experiência

1.4.3 Gráficos de alavancagem

No caso de hipóteses lineares gerais, tanto a significância como a colinearidade são vistas através de uma ferramenta gráfica chamada gráficos de alavancagem. Estes gráficos foram introduzidos por Sall (1990) como uma extensão dos gráficos residuais de regressão parcial de Besley, Kuh e Welsh (1980) [14]. Um gráfico de alavancagem é definido como uma linha horizontal desenhada para representar o ajuste do modelo limitado pelas hipóteses de interesse. Cada observação é posicionada como um ponto no gráfico, de tal forma que a distância vertical desse ponto à linha inclinada de ajuste é o resíduo sem restrições e a distância do ponto à linha horizontal é o resíduo limitado pelas hipóteses. O gráfico de alavancagem é o mesmo que um simples gráfico dos dados com a média e as linhas de regressão [15].

Suponha-se que a hipótese estimável de interesse é $L\beta = 0$. O gráfico de alavancagem caracteriza este teste ao traçar pontos de modo a que a distância de cada ponto à linha de regressão inclinada mostre o resíduo sem restrições, e a distância ao *eixo x* mostre o resíduo quando o ajuste é restringido pela hipótese, a diferença entre as somas de quadrados destes dois grupos de resíduos é a soma de quadrados devida à hipótese, que se torna o ingrediente principal do teste F.

As estimativas dos parâmetros restringidos pelas hipóteses são dadas como $b_0 = b - (X'X)^{-1}L'\lambda$ eqn. (1.5), onde b é a estimativa dos mínimos quadrados, λ é o multiplicador langrangiano para as hipóteses restringidas.

$b = (X'X)^{-1}X'y$ eqn. (1.6) and $\lambda = (L(X'X)^{-1}L')^{-1}Lb)$ eqn. (1.7)

Comparar os resíduos para os resíduos sem restrições e com restrições de hipóteses, respetivamente

$$r = y - Xb \quad \text{eqn. (1.8)}$$

$$r_0 = r + X(X'X)^{-1} L'\lambda \quad \text{eqn. (1.9)}$$

Para obter um gráfico de alavancagem, os valores Vx do *eixo x* dos pontos são as diferenças nos resíduos devido à hipótese, de modo que a distância da linha de ajuste (com declive 1) ao *eixo x* é esta diferença. Os valores Vy *do eixo y* são apenas os valores *do eixo x* mais os resíduos do modelo completo. A construção do gráfico de alavancagem é apresentada na fig. 1.11 [16]

$$V_X = X(X'X)^{-1}L'\lambda \quad \text{eqn. (1.10)}$$

$$V_y = r + V_X \quad \text{eqn. (1.11)}$$

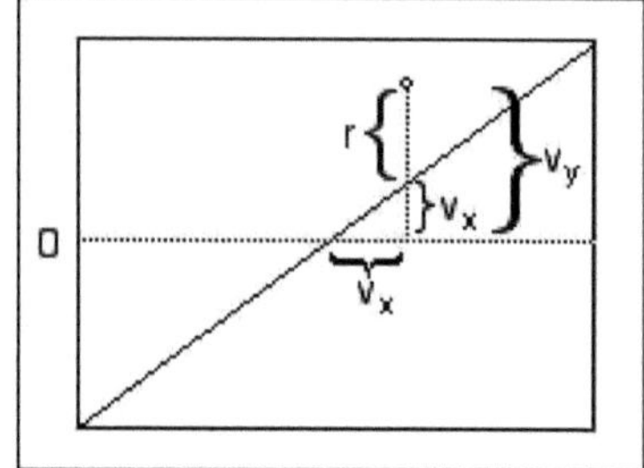

Fig. 1.11 Construção do gráfico de alavancagem [16]

1.4.3.1 Sobreposição de um teste no gráfico de alavancagem

Na regressão linear simples, é possível traçar os limites de confiança para o valor esperado como uma função suave da variável regressora x.

$$\text{Upper}(x) = \boldsymbol{xb} + \boldsymbol{t}_{\alpha_2} \sqrt[s]{\boldsymbol{x}(\boldsymbol{X}'\boldsymbol{X})^{-1}\boldsymbol{x}'} \quad \text{eqn. (1.12)}$$

$$\text{Lower}(x) = \boldsymbol{xb} - \boldsymbol{t}_{\alpha_2} \sqrt[s]{\boldsymbol{x}(\boldsymbol{X}'\boldsymbol{X})^{-1}\boldsymbol{x}'} \quad \text{eqn. (1.13)}$$

Onde x = [1 x] é o 2-vetor de regressores.

Esta hipérbole é um instrumento útil de medição da significância porque.

- Se o parâmetro de declive for significativamente diferente de zero, a curva de confiança cruzará a linha horizontal da média da resposta.

- Se o parâmetro de declive não for significativamente diferente de zero, a curva de confiança não cruzará a linha horizontal da média da resposta.

- Se o teste t para o parâmetro de declive estiver situado na margem de significância, a curva de confiança terá como assíntota a linha horizontal da média da resposta.

Estes casos são explicados na figura 1.12 abaixo [16]

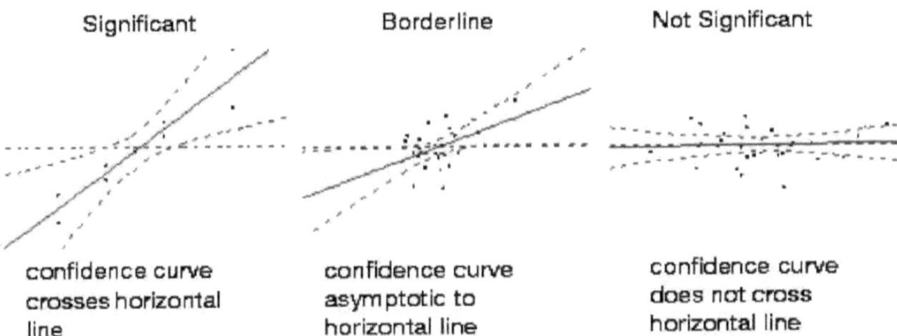

Fig. 1.12 Casos de curvas de confiança significativas, limítrofes e não significativas [16]

Os gráficos de alavancagem utilizam o mesmo dispositivo, calculando uma função de confiança relativamente a uma variável, mantendo todas as outras variáveis constantes no seu valor médio simples. A função de confiança mostra o valor médio no meio, com uma curvatura ajustada de modo a atravessar o horizonte se o teste F for significativo a um determinado nível α.

$$\text{Upper}(z) = \mathbf{z} + \overline{\quad \_\ \bar{h} \quad — \quad} \qquad \text{eqn. (1.14)}$$

$$\text{Lower}(z) = \overline{\quad \_\ \bar{h} \quad — \quad} \qquad \text{eqn. (1.15)}$$

Em que F é o F-estatístico para as hipóteses, F_α é o valor de referência para a significância α, e

$$\bar{h} = \overline{X}\ (X'X)^{-1}\ \overline{X'} \qquad \text{eqn. (1.16)}$$

Onde X é o regressor num valor médio adequado, como a média.

Se a estatística F for maior que o valor de referência, as funções de confiança cruzam o eixo x; se a estatística F for menor que o valor de referência, as funções de confiança não se cruzam. Se a estatística F for igual ao valor de referência, as funções de confiança têm o eixo x como assíntota e o intervalo entre as funções de confiança no valor médio é uma região de confiança válida do valor previsto nesse ponto.

1.4.4 Perfil de desejabilidade e otimização

Para otimizar uma resposta, ou seja, para maximizar ou minimizar uma resposta ou mantê-la num valor-alvo, utilizamos o profiler de previsão no JMP, que não utiliza as formas funcionais de Derringer e Suich. Uma vez que estas não são suaves, não funcionam bem com o algoritmo de otimização do JMP. Um profiler apresenta traços de perfil para cada variável X. Um traço de perfil é a resposta prevista à medida que uma variável é alterada enquanto as outras são mantidas constantes nos valores actuais. O perfilador calcula novamente os perfis e as respostas previstas (em tempo real) à medida que o valor da variável X varia. O criador de perfis Desirability é apresentado na fig. 1.13 [17] com a sua estrutura essencial.

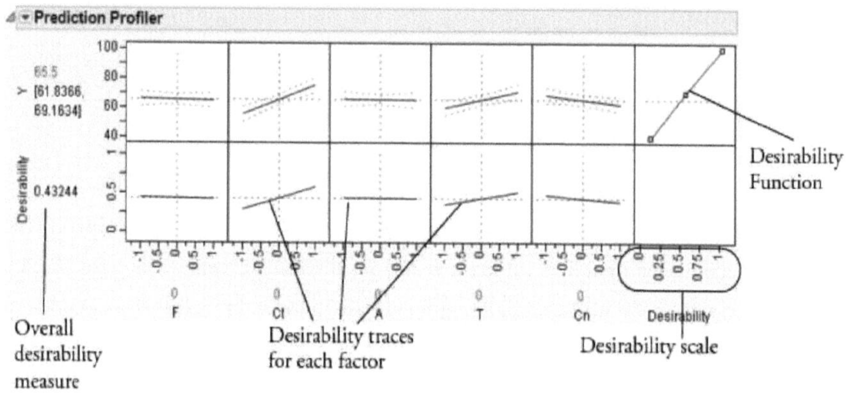

Fig. 1.13 Perfil de desejabilidade [17]

1.4.5 Teste t de duas amostras

Um teste t é qualquer teste de hipóteses estatísticas em que as estatísticas de teste seguem uma distribuição t de Student se a hipótese nula for aceite. O teste t foi introduzido em 1908 pelo Sr. William Sealy Gosset. O objetivo do teste t é comparar as respostas dos dois grupos e determinar se são significativamente diferentes uma da outra.

O teste t para duas amostras é utilizado para comparar as médias de duas populações normalmente distribuídas. Todos estes testes são designados por teste t de Student, embora esta designação só deva ser utilizada quando se assume que as variâncias das duas populações são iguais [18].

Os pressupostos do teste t de duas amostras são

- Cada grupo é considerado uma amostra de uma população distinta.
- As respostas de cada grupo são independentes das respostas dos outros grupos.
- As distribuições da variável de interesse são normais.

As fórmulas utilizadas no teste t de duas amostras para duas médias populacionais independentes, assumindo variâncias populacionais iguais, são

$$t = \frac{(\bar{x}_A - \bar{x}_B)}{S_P^2\sqrt{\left[\frac{1}{n_A}+\frac{1}{n_B}\right]}} \qquad \text{eqn. (1.17)}$$

Em que S_P^2 é a variância agrupada, x_A , x_B são as médias de duas amostras, n_A e n_B são as dimensões das amostras de A e B, respetivamente.

$$S_i^2 = \frac{\sum x_i^2}{n-1} - \frac{\sum x_i^2}{n(n-1)} \qquad \text{eqn. (1.18)}$$

$$S_P^2 = \frac{S_A^2}{2} + \frac{S_B^2}{2} \qquad \text{eqn. (1.19)}$$

Em que S_i^2 é a variância e S_A e S_B são as variâncias de duas amostras, respetivamente.

CAPÍTULO 2
ESTUDO DA LITERATURA E OBJECTIVOS

2.1 Revisão da literatura

O acabamento superficial dos componentes torneados tem uma grande influência na qualidade do produto [19]. Na maquinagem de peças, a qualidade da superfície é um dos requisitos mais específicos dos clientes, sendo o valor da rugosidade superficial o principal indicador da qualidade da superfície das peças maquinadas [20]. O desempenho e a vida útil do componente maquinado são frequentemente afectados pelo acabamento da sua superfície, pela natureza e extensão das tensões residuais, pela presença de microfissuras superficiais e sub-superficiais, especialmente quando esse componente vai ser utilizado sob cargas dinâmicas ou em conjugação com outras peças conjugadas [21]. A rugosidade da superfície também determina a forma como um objeto real interage com o seu ambiente. As superfícies rugosas desgastam-se normalmente mais depressa e têm um coeficiente de atrito mais elevado do que as superfícies lisas; a rugosidade é um bom indicador do desempenho dos componentes mecânicos, uma vez que as irregularidades na superfície podem formar locais de nucleação para fissuras e corrosão. Embora a rugosidade seja indesejável, o seu controlo no fabrico é complexo e dispendioso [22]. No processo de torneamento, parâmetros como a velocidade, o avanço, a profundidade de corte, a geometria da ferramenta, o material da ferramenta e a utilização de fluidos de corte têm impacto na rugosidade da superfície [23]. Os principais parâmetros de controlo de entrada no torneamento são a velocidade de corte, o avanço e a profundidade de corte [24].

A maquinagem de aço a altas velocidades gera normalmente um grande calor de corte que encurta a vida da ferramenta e pode prejudicar a qualidade do produto a maquinar. A maquinagem de alta produção é condicionada pelo aumento das temperaturas de corte, que aumentam, embora em diferentes graus, com o aumento da velocidade de corte, da taxa de avanço e da profundidade de corte [25]. A aplicação de fluidos de corte, que é um fluido utilizado em operações de trabalho de metais para reduzir o atrito entre a peça de trabalho e a ferramenta, a eliminação de aparas, a remoção do calor gerado pelo atrito, melhora o desempenho da maquinagem devido à sua ação lubrificante e de arrefecimento [26]. A concentração do fluido de corte também desempenha um papel importante na taxa de desgaste da ferramenta e na rugosidade da superfície [23], [27].

Tendo em conta a resposta da rugosidade da superfície acima referida, muitos investigadores tentaram otimizar o processo de torneamento utilizando diferentes métodos estatísticos e variando o nível dos parâmetros e o ambiente de corte, como a velocidade de corte, a taxa de avanço, a profundidade de corte, o raio da ponta da ferramenta, o ambiente de corte a seco, o ambiente de corte a húmido, os tipos de fluidos de corte, etc., para diferentes materiais da peça. Existe uma grande quantidade de literatura no domínio acima mencionado; alguns trabalhos importantes são discutidos a seguir.

Yang e Tarng (1998) [28] utilizaram o método Taguchi, uma ferramenta poderosa para a otimização do design da qualidade, para encontrar os parâmetros de corte óptimos para a operação de torneamento, utilizando a relação sinal/ruído (S/N), a matriz ortogonal e a análise de variância (ANOVA) para investigar as características de corte de barras de aço S45C utilizando ferramentas de corte de carboneto de tungsténio. A investigação sugere que, utilizando esta técnica, não só se podem obter os parâmetros óptimos de corte, como também se podem descobrir os principais parâmetros de corte que afectam o desempenho do corte na operação de torneamento.

Kirby E. Daniel (2006) [29] realizou um estudo de conceção de parâmetros durante a operação de torneamento utilizando uma matriz ortogonal normalizada que foi modificada. O objetivo do estudo era utilizar a conceção de parâmetros de taguchi para otimizar a qualidade e o desempenho de um processo de fabrico. O projeto taguchi foi utilizado para otimizar a rugosidade da superfície do produto gerado por uma operação de torneamento CNC. O material da peça era 6061-T6511, uma liga de alumínio, os factores de controlo incluíam a velocidade de corte, a velocidade de avanço e a profundidade de corte, com um fator de ruído aplicado para aumentar a robustez do processo. Este estudo produziu uma combinação verificada de factores controlados e uma equação preditiva para determinar a rugosidade da superfície com um determinado conjunto de parâmetros, concluindo também que a velocidade de avanço tinha o efeito mais significativo na rugosidade da superfície, a velocidade de corte tinha um efeito moderado e a profundidade de corte tinha um efeito insignificante.

Mahapatra et al. (2006) [19] analisaram o efeito dos parâmetros do processo, nomeadamente a velocidade de corte, a taxa de avanço e a profundidade de corte durante o torneamento do aço S45C num torno mecânico, utilizando uma ferramenta de carboneto de tungsténio com um grau de pureza P-10, recorrendo a várias técnicas de modelação estatística, incluindo o método de Taguchi, a regressão e uma tentativa de gerar um modelo de previsão da rugosidade da superfície e de otimizar os parâmetros do processo utilizando algoritmos genéticos (GA). Verificou-se que a velocidade de corte e a taxa de avanço tiveram maior influência na rugosidade da superfície, seguidas da taxa de avanço.

Thamizhmanii et al. (2007) [30] analisaram as condições de corte para otimizar a rugosidade da superfície durante o torneamento a seco da liga de aço SCM 440, utilizando um torno Harrison 400, uma ferramenta A66 (Al_2O_3+TiC) fabricada pela Kyocera com revestimento de estanho, o software

Design-Expert para utilizar o método taguchi e analisaram os resultados utilizando o método de análise de variância (ANOVA). A experiência mostrou que a profundidade de corte tem um papel significativo na produção de uma rugosidade superficial mais baixa, seguida do avanço e da velocidade de corte, que tem menos efeito na rugosidade superficial.

Thamizmanii et al. (2008) [31] realizaram uma experiência para analisar a rugosidade da superfície, durante o torneamento de aço martensítico duro, utilizando uma ferramenta de corte de nitreto de boro cúbico, Torno N.C. Harrison 400, O material da peça de trabalho foi o aço inoxidável martensítico AISI 440 C. Os parâmetros operacionais utilizados foram a velocidade, o avanço e a profundidade de corte. A experiência efectuada revelou que, a um determinado nível de parâmetros, a rugosidade da superfície era mínima a uma velocidade de corte de 225 m/min, um avanço de 0,125 mm/rev e uma profundidade de corte de 0,50 mm.

Lin W. S. (2008) [32] propôs uma investigação centrada na variação da rugosidade superficial no torneamento fino a alta velocidade do aço inoxidável austenítico. Verificou-se que quanto menor a taxa de avanço, menor o valor da rugosidade da superfície, mas sempre que o valor da taxa de avanço era diminuído para além do valor crítico, ocorria uma vibração que deteriorava a rugosidade da superfície. A taxa crítica para a vibração era de 0,02 mm/rot., a uma velocidade variando de 250 a 350 m/min., a gama de avanço ideal foi encontrada entre 0,04 mm/rot. - .06 mm/rot.

Xavior e Adithan (2009) [33] identificaram a influência de diferentes fluidos de corte na rugosidade da superfície e no desgaste da ferramenta durante o torneamento de aço inoxidável austénico AISI 304 num torno mecânico Kirloskar Turn Master 40, utilizando uma pastilha de carboneto CNMG 12 04 08 da Sandvik como ferramenta. Utilizou-se o método experimental de Taguchi e matrizes ortogonais, utilizando três níveis diferentes de velocidade de corte, taxa de avanço e profundidade de corte. Os resultados foram analisados utilizando o método ANOVA, foram formados modelos de regressão linear múltipla sobre o desgaste de flanco e a rugosidade da superfície utilizando o software MINITAB 15. Verificou-se que a taxa de avanço teve maior influência na rugosidade da superfície e que a velocidade de corte teve maior influência no desgaste da ferramenta. Além disso, verificou-se que o fluido de corte tinha uma influência considerável na rugosidade da superfície e na taxa de desgaste da ferramenta. Verificou-se que o óleo de coco é melhor do que os óleos minerais convencionais.

Bhattacharaya et al. (2009) [34] analisaram os efeitos dos parâmetros de corte no acabamento da superfície e no consumo de energia utilizando técnicas de taguchi durante a maquinagem a alta velocidade (58-240 m/min.) do aço AISI 1045 em condições secas. Foram utilizadas matrizes ortogonais e ANOVA para investigar a contribuição e os efeitos da velocidade de corte, da taxa de avanço e da profundidade de corte nos três parâmetros de rugosidade da superfície e no consumo de energia. Para esta experiência, foi utilizado um torno Kirloskar de 5 KW de potência nominal e uma ferramenta SNMG 12 04 08 fabricada pela Sandvik. O estudo mostrou que a velocidade de corte tinha um efeito significativo na rugosidade da superfície e no consumo de energia, o valor de resposta da rugosidade diminuía com o aumento da velocidade de corte, enquanto os outros parâmetros de avanço e profundidade de corte tinham um efeito insignificante nas respostas. Os resultados mais óptimos para a rugosidade da superfície foram observados quando a velocidade de corte foi fixada em 240 m/min e a taxa de avanço em 0,125 mm/rot. Também se verificou que, a uma menor profundidade de corte e a uma menor velocidade de corte, se forma uma aresta postiça.

Tzeng et al. (2009) [23] estudaram os parâmetros de corte, nomeadamente a velocidade de corte, a velocidade de avanço, a profundidade de corte e a concentração do fluido de corte para otimizar a operação de torneamento CNC durante o torneamento do SKD11, um aço-ferramenta de liga com elevado teor de crómio, utilizando o método de análise relacional Grey. Foi utilizada uma matriz ortogonal de Taguchi para conceber as experiências. As propriedades superficiais de rugosidade média, rugosidade máxima e circularidade foram seleccionadas como objectivos de qualidade. A profundidade de corte foi considerada o fator mais influente para a rugosidade média da superfície, a velocidade de corte foi considerada a mais influente na rugosidade máxima e na circularidade, a ANOVA foi também aplicada para descobrir que a profundidade de corte era o mais significativo dos factores controlados para a operação de torneamento de acordo com o grau de soma ponderada da rugosidade média, da rugosidade máxima e da circularidade, o estudo recomendou também que a relação do fluido de corte fosse de 12%, a velocidade de corte de 155m/min, a taxa de avanço de 0,12 mm/rev. E uma profundidade de corte de 0,8 mm para obter simultaneamente uma rugosidade média, uma rugosidade máxima e uma circularidade óptimas.

Gokkaya Hasan (2010) [35] investigou os efeitos dos parâmetros de maquinação da velocidade de corte e da taxa de avanço nas forças de corte, rugosidade da superfície, aresta postiça e camada postiça durante o torneamento a seco da liga de alumínio AA2014 (T4), utilizando a ferramenta de carboneto não revestido CCGT 120404 FN- ALU com geometria e grau K 10. A ANOVA foi empregue para descobrir os efeitos dos parâmetros obtidos na rugosidade da superfície e nas forças de corte. Verificou-se que o BUE e o BUL foram formados com uma velocidade de corte de 200 m/min e uma velocidade de avanço de .30 mm/rev. Os valores mais baixos de rugosidade superficial e de força de corte foram obtidos com uma velocidade de corte de 500 m/min e uma velocidade de avanço de .10 mm/rev.

Kuram et al. (2010) [36] realizaram um estudo utilizando três tipos diferentes de fluidos de corte de base vegetal desenvolvidos a partir de óleo de girassol bruto e refinado, dois tipos comerciais (óleos de corte de base vegetal e mineral) para determinar os seus efeitos na força de impulso e na rugosidade da superfície durante a perfuração de aço inoxidável austénico AISI 304 utilizando uma ferramenta HSSE. A velocidade do fuso, o avanço e a profundidade de perfuração foram considerados como parâmetros de maquinagem. Verificou-se que o aumento da velocidade do fuso conduziu a uma diminuição da rugosidade da superfície e que um aumento da taxa de avanço aumentou o valor da rugosidade da superfície, tendo diferentes combinações de fluidos apresentado resultados diferentes a vários níveis de parâmetros de corte.

Krishna et al. (2010) [37] efectuaram uma investigação experimental sobre o desempenho da suspensão de ácido nanobórico em óleo SAE-40 e óleo de coco durante o torneamento de aço AISI 1040, o caudal de 10 ml/min, que é quase seco, foi mantido para diferentes concentrações de ácido bórico em óleo de coco e óleo SAE. Concluiu-se que, com o aumento da percentagem de ácido nanobórico no óleo de base, a temperatura de corte e a rugosidade da superfície mostraram uma tendência decrescente, a diferentes velocidades de corte e intervalos de avanço de 60 m/min a 100 m/min e .12 mm/rev a .2 mm/rev, respetivamente.

Singh H. et al (2011) [38] apresentaram um estudo experimental para investigar os efeitos dos parâmetros de corte como a velocidade do fuso, a taxa de avanço e a profundidade de corte no acabamento da superfície do material EN-8 durante o torneamento a seco, empregando o método taguchi e utilizando a matriz ortogonal L-16. Para realizar a experiência, foi utilizado um torno HMT com uma potência de 5 KW e uma broca WIDIA 120408. A velocidade do fuso variou entre 1000 e 2000 rpm, o avanço variou entre 0,05 mm/rev e 0,3 mm/rev e a profundidade de corte variou entre 0,5 e 2 mm. Concluiu-se que a velocidade do fuso e a profundidade de corte apresentaram uma tendência decrescente para o valor da rugosidade da superfície, enquanto a taxa de avanço teve um efeito variável no valor da rugosidade da superfície. Verificou-se também que uma velocidade do fuso, uma taxa de avanço e uma profundidade de corte mais elevadas proporcionavam uma taxa de remoção de material óptima. O fator mais significativo que influenciou a rugosidade da superfície foi a velocidade do fuso, que contribuiu com 63,90%, seguida da profundidade de corte, com 11,32%, e da taxa de avanço, com 8,33%, para Ra.

Sharma et al. (2012) [39] realizaram uma experiência para otimizar os parâmetros de corte para a rugosidade da superfície durante o torneamento do aço-carbono AISI 410. A velocidade de corte, a taxa de avanço, a profundidade de corte e o raio da pastilha foram escolhidos como parâmetros de controlo, a relação sinal-ruído e a ANOVA foram utilizadas para analisar o efeito dos diferentes parâmetros de controlo na rugosidade da superfície. Verificou-se que a taxa de avanço contribuiu com 92,74% para a rugosidade da superfície. O valor ótimo da rugosidade da superfície foi obtido com um raio de inserção de 1,2 mm, uma profundidade de corte de 1 mm, uma velocidade de avanço de 0,14 mm/rev e uma velocidade de corte de 125 m/min.

Davis e Alazhari (2012) [40] analisaram os efeitos dos principais parâmetros de corte (velocidade, taxa de avanço e profundidade de corte) durante o torneamento a seco de aço macio para obter uma rugosidade superficial óptima. O software MINITAB 15, a ANOVA e as relações sinal-ruído foram utilizados para calcular os dados de resposta óptimos. A profundidade de corte foi considerada o fator mais significativo. Verificou-se que a rugosidade da superfície aumenta com a profundidade de corte, variando de 0,5 mm a 1,5 mm.

Das et al. (2012) [41] realizaram um estudo para otimizar os parâmetros de corte sobre o desgaste da ferramenta e a temperatura da superfície da peça durante o torneamento a seco do aço AISI D2, empregando o desenho de matriz ortogonal de Taguchi, ANOVA, gráficos de efeitos principais utilizando o software MINITAB 15. Os resultados experimentais concluíram que a profundidade de corte foi o fator que mais contribuiu para o desgaste da ferramenta e que a velocidade de corte foi o fator mais significativo para a temperatura da superfície da peça. O desgaste mínimo da ferramenta foi registado com uma velocidade de corte de 150 m/min, uma profundidade de corte de 0,5 mm e uma velocidade de avanço de 0,25 mm/rev.

Singh D. et al (2012) [42] realizaram uma investigação experimental sobre a rugosidade da superfície e a MRR durante o torneamento a seco de EN-8 num torno CNC, utilizando a metodologia de superfície de resposta [RSM] para otimizar os parâmetros de corte de velocidade, avanço e profundidade de corte. Concluiu-se que a velocidade e a profundidade de corte têm um efeito negligenciável na rugosidade da superfície e que o avanço tem uma tendência crescente. A velocidade do fuso, o avanço e a profundidade de corte apresentam uma tendência crescente para o MRR. A gama de velocidades do fuso foi de 2000 a 3000 rpm, o avanço de 0,05 a 0,3 mm/s e a profundidade de corte de 0,5 a 2 mm.

2.2 Necessidade de estudo

Descobriu-se, através da pesquisa bibliográfica, que a maior parte do trabalho experimental para a otimização da rugosidade da superfície do aço foi realizada em condições secas. Uma investigação aprofundada sobre a otimização da rugosidade da superfície do aço AISI 1040 durante o torneamento CNC húmido ou sob temperaturas controladas acrescentaria dados cruciais à investigação em curso sobre este material. A utilização de gráficos de desejabilidade em vez de gráficos de relação sinal/ruído ainda não foi vista em processos de otimização relacionados com o torneamento. O efeito da concentração do fluido de corte na rugosidade da superfície do AISI 1040 ainda não foi apresentado.

2.3 Objectivos da investigação

Os objectivos da investigação eram

1) Otimizar a rugosidade da superfície do aço AISI 1040 durante o torneamento CNC a húmido utilizando perfis de desejabilidade.

2) Analisar os efeitos de vários parâmetros de corte, ou seja, a velocidade do fuso, a taxa de avanço, a profundidade de corte e a concentração do fluido de corte na rugosidade da superfície, utilizando gráficos de alavanca e confirmando-os através do método ANOVA.

3) Comparar o efeito de dois óleos de base utilizados em fluidos de corte solúveis em água, nomeadamente gasóleo pesado e óleo de fuso, com base na temperatura da interface peça-ferramenta e na rugosidade da superfície das amostras torneadas com estes dois óleos de base diferentes, utilizando o teste t de duas amostras.

CAPÍTULO 3
PORMENOR EXPERIMENTAL

3.1 Material da peça de trabalho

O aço de carbono médio AISI 1040 ou EN-8 foi utilizado como material de trabalho; tem boa resistência à tração e é adequado para o fabrico de pernos, chavetas, veios, pinos de tensão, etc., a dureza do EN-8 é de cerca de 30+2 HRC para condições de tratamento térmico. A composição química do EN-8 é apresentada no quadro 3.1 abaixo.

Quadro 3.1 Composição química do EN8

C%	Si%	Mn%	S%	P%
0.35/0.45	0.05/0.35	0.60/0.10	0.06 max	0.06 max

3.2 Máquina CNC utilizada para tornear

As vantagens da utilização do CNC em relação ao torno convencional são que os tornos CNC fornecem componentes a uma taxa de produção mais rápida com uma precisão de fabrico óptima. Permite alcançar tolerâncias apertadas em cada peça; outras vantagens são a consistência e a uniformidade das peças. O torno utilizado na experiência de torneamento foi um CNC fabricado pela Lokesh, com as especificações indicadas no quadro 3.2 abaixo.

Tabela 3.2 Especificações do torno CNC

Model	LOKESH TL 30 XL
Power	11 hp/8.2 KW
controller	FANUC Series 0 i TC
Max. Spindle speed	3000 RPM
Chuck size	249.6 mm
Spindle size	$A_2 6$
Tool holder	Standard Lokesh made with 25*25 mm shank.

3.3 Ferramenta de corte utilizada

A ferramenta de corte utilizada foi a pastilha de torneamento de carboneto CNMG 431 PF 4225, fabricada pela Sandvik Coromant, que foi considerada tendo em conta o material da peça e as condições de corte. As especificações da pastilha da ferramenta de corte são apresentadas na tabela 3.3 abaixo.

Tabela 3.3 Especificações da pastilha da ferramenta de corte

Insert thickness	**0.1875 inches.**
Nose radius	**0.0157 inches**
ISO number	**CNMG 12 04 04-PF 4225**
No. of edges	**4**
Coating	**MTCVD**

3.4 Fluidos de corte e caudal

As condições ambientais para o torneamento foram condições de arrefecimento por inundação húmida, com um caudal de 8 litros/minuto. Foram utilizados dois tipos de fluidos de corte especialmente preparados pela Nirmal Industries, Phase1, Chandigarh, para efeitos de experiências, que são os seguintes

1. Cool-cut-Nirma 40 A - Fluido de corte solúvel em água com óleo de fuso como óleo de base.

2. Cool-cut-Nirma 30 A - Óleo de corte solúvel em água com óleo diesel pesado como óleo de base.

3.5 Instrumentos de medição utilizados

Foram utilizados vários instrumentos de medição para medir diferentes entidades nas experiências, nomeadamente a concentração do fluido de corte, a temperatura da interface peça-ferramenta e a medição da rugosidade da superfície (R_a).

3.5.1 Refratómetro

É um dispositivo utilizado para medir o índice de refração, no caso de fluidos de corte à base de água; funciona com base no princípio básico de que, à medida que a concentração de um fluido na água muda, o ângulo em que a luz é curvada também muda. O refratómetro utilizado para medir a concentração do fluido de corte foi o ERMA, fabricado no Japão, com uma gama de 0-50% de refratómetro manual. A figura 3.1 mostra um refratómetro manual

Fig. 3.1 Uma pessoa a utilizar um refratómetro manual

3.5.2 Termómetro de infravermelhos

Para medir a temperatura da interface peça-ferramenta, foi utilizado o termómetro digital de infravermelhos MEXTECH DT-8812, com uma gama de temperaturas entre -50^0 C e 550^0 C e uma resposta espetral de 6-14 μm. Um termómetro de infravermelhos é mostrado na imagem 3.2 abaixo

Fig. 3.2 Uma pessoa a utilizar um termómetro digital de infravermelhos

3.5.3 Analisador de rugosidade da superfície

Para medir a rugosidade da superfície, foi utilizado um perfilómetro de contacto; trata-se de dispositivos que utilizam uma agulha de diamante, que é deslocada ao longo da superfície durante uma distância específica. Um perfilómetro pode medir pequenas variações superficiais no deslocamento vertical da agulha em função da posição. O instrumento utilizado para medir a rugosidade da superfície das amostras experimentais torneadas foi o Surftest SJ-201 da Mitutoyo, cujas especificações e imagem são apresentadas na tabela 3.4 e na imagem 3.3, respetivamente

Tabela 3.4 Especificações do analisador de rugosidade superficial Surftest SJ-201

Measuring range	-200μm to 150μm
Stylus material	Diamond
Stylus tip radius	5μm
Measuring force	4mN
Evaluation length	12.5mm

Fig. 3.3 Surftest SJ 201 medindo Ra of En-8 sample

3.6 JMP Statistical software

O software estatístico JMP é um programa informático de estatística desenvolvido pelo Sr. John Sall e uma equipa de programadores na década de 1980 e é gerido pela unidade de negócios JMP do instituto SAS. A versão do software utilizada na experiência foi a 10.0.2.

3.7 Conceção da experiência

Para aumentar a eficácia da conceção, para atingir o objetivo no melhor tempo possível e tendo em conta as restrições económicas, foi utilizada a abordagem de conceção personalizada JMP (por defeito) de acordo com os parâmetros do processo e os seus níveis. Os níveis dos factores e os graus de liberdade são apresentados no quadro 3.5 abaixo.

3.7.1 Conceção experimental personalizada

O desenho experimental personalizado foi preparado utilizando um desenho de factores controlados utilizando o desenho personalizado JMP e adicionando-lhe um desenho de blocos de replicação que consiste em dois tipos diferentes de fluidos de corte e cada um com um nível denotado por F1 e F2, como se mostra na tabela 3.6 abaixo, de modo a comparar os desempenhos dos fluidos de corte em relação às temperaturas e às respostas de rugosidade da superfície durante a maquinagem do AISI 1040 e a tornar o processo robusto.

Tabela 3.5 Factores, níveis e graus de liberdade.

S.NO	CONTROL FACTOR	No. of levels	Degree of freedom	Values at different levels
1.	Cutting speed (rpm)	2	1	L_1=1000, L_2=2000
2.	Feed rate (mm/rev)	2	1	L_1=0.125,L_2=0.250
3.	Depth of cut (mm)	2	1	L_1=1, L_2=0.5
4.	Cutting fluid concentration (%)	4	3	L_1=2, L_2=4, L_3=8, L_4=12

Quadro 3.6 Desenho personalizado para a experiência e desenho de blocos de replicação adicionados

CONTROLLED FACTOR DESIGN					REPLICATION FACTOR BLOCKING	
RUN	D.O.C	CONC.	SPEED	FEED	FLUID 1 40 A	FLUID 2 30A
1	L2	L2	L1	L1	F_1	F_2
2	L1	L3	L1	L2	F_1	F_2
3	L1	L1	L1	L1	F_1	F_2
4	L2	L1	L2	L2	F_1	F_2
5	L1	L4	L2	L1	F_1	F_2
6	L1	L2	L2	L2	F_1	F_2
7	L2	L4	L1	L2	F_1	F_2
8	L2	L3	L2	L1	F_1	F_2

3.8 Procedimento experimental

O material da peça era na forma de barras cilíndricas de diâmetro 32mm foi cortado em 16 peças de comprimento 200mm cada, olhando para a literatura e com a ajuda de assistência industrial. O projeto para a experiência foi construído utilizando o software estatístico JMP versão 10.0.2, cada peça de trabalho foi torneada utilizando uma nova ponta de pastilha, a leitura da temperatura ambiente foi de 20^0 C aproximadamente. As gamas de velocidade de avanço e de profundidade de corte para obter uma rugosidade superficial óptima foram escolhidas com base no guia da Sandvik Coromant para torneamento geral, e as gamas de velocidade do fuso foram escolhidas através de uma pesquisa bibliográfica. A concentração de ambos os fluidos de corte foi medida com a ajuda de um refratómetro e a quantidade adequada de fluido foi misturada em água mineral utilizando um balão de medição. O caudal foi ajustado para 8 litros/minuto, utilizando um cronómetro e um recipiente de medição. Antes de terminar a operação, a camada exterior das peças de trabalho foi removida até uma profundidade de 20 µm para eliminar a superfície corroída e irregular. A medição da temperatura da interface peça-ferramenta foi efectuada com um termómetro digital de infravermelhos, tendo a média das leituras sido considerada como a temperatura da interface. Após a operação de torneamento, as peças de trabalho foram embaladas e levadas para a medição da rugosidade da superfície (Ra), que foi efectuada utilizando um analisador de rugosidade da superfície do tipo contacto. A rugosidade da superfície foi medida quatro vezes para cada peça, num intervalo de 90^0 à volta da peça. O fator de resposta da rugosidade da superfície e o efeito de vários factores como a velocidade do fuso, a taxa de avanço, a profundidade de corte e a concentração do fluido de corte foram analisados utilizando gráficos de alavancagem, técnica ANOVA, perfil de desejabilidade e métodos de regressão (real por gráfico previsto) que eram as aplicações do software estatístico JMP, finalmente os testes de confirmação foram realizados para obter o valor ótimo da rugosidade da superfície ao tornear o AISI 1040 em ambiente húmido (arrefecimento por inundação). O procedimento de conceção de experiências adotado para a experimentação foi mostrado abaixo na fig. 3.4, os passos abaixo indicados na conceção do procedimento de análise foram seguidos para a experiência, as técnicas de análise de dados seguidas podem ser mais do que uma, que incluíram gráficos de alavanca e testes t, enquanto os níveis óptimos foram determinados utilizando o perfil de previsão e a técnica ANOVA.

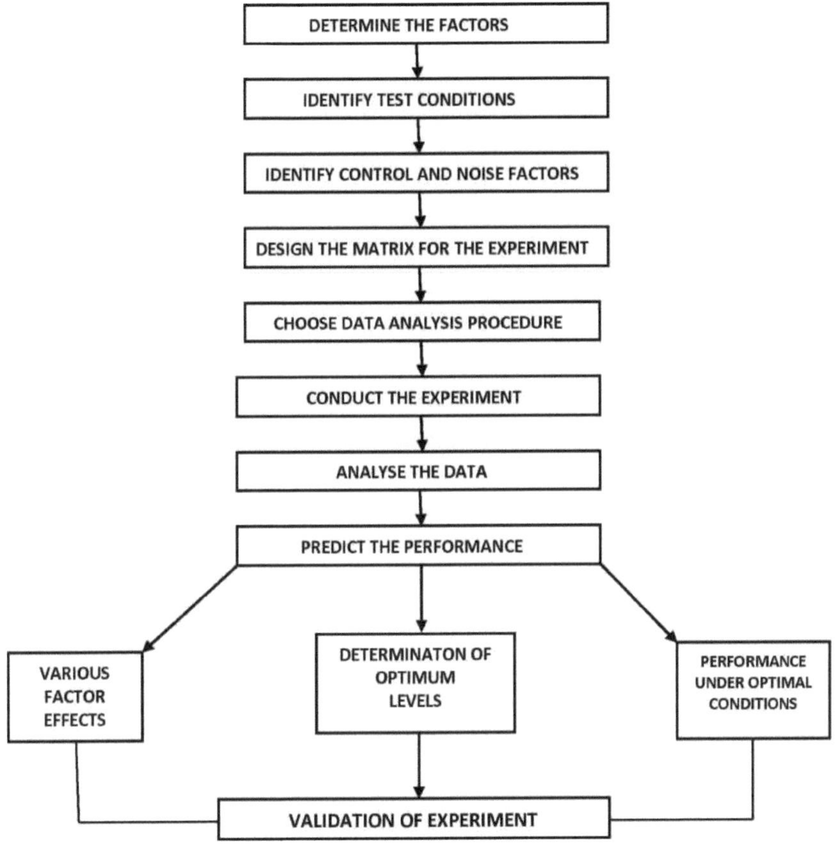

Fig. 3.4 Procedimento seguido para a realização da experiência

CAPÍTULO 4
RESULTADOS E CONCLUSÕES

4.1 FICHA DE RECOLHA DE DADOS

De acordo com a matriz personalizada, foram torneadas um total de 16 amostras e foram efectuadas réplicas quatro vezes para cada uma das duas condições estranhas de diferentes fluidos de corte de base, passando o estilete perpendicularmente à superfície de assentamento para cada peça torneada, a fim de reduzir os erros de medição que poderiam levar à variabilidade. Se tivesse sido utilizado um desenho fatorial completo para esta experiência, o número de ensaios teria aumentado de dezasseis para sessenta e quatro. A folha de recolha de dados para o fator de resposta rugosidade da superfície é apresentada na tabela 4.1

Tabela 4.1 Folha de dados da resposta da rugosidade da superfície para a operação de torneamento

RESPONSE FACTOR REPLICATIONS CUTTING FLUID 40 A (μm)					RESPONSE FACTOR REPLICATION CUTTING FLID 30 A (μm)				
RUN	R_1	R_2	R_3	R_4	R_5	R_6	R_7	R_8	R_{mean}
1.	2.07	2.11	2.33	2.21	2.71	2.73	2.60	2.63	2.4238
2.	2.90	3.03	2.94	3.15	3.80	3.77	3.39	3.64	3.3275
3.	1.68	1.84	1.83	1.93	2.46	2.24	2.48	1.95	2.0513
4.	2.69	2.69	2.68	2.66	2.46	2.72	2.75	2.71	2.6700
5.	2.53	2.45	2.53	2.49	2.87	2.53	2.66	2.60	2.5825
6.	3.02	3.28	3.32	3.19	3.60	3.57	3.52	3.55	3.3813
7.	2.95	2.81	3.12	3.72	3.39	3.09	3.58	3.00	3.0825
8.	2.52	2.50	2.45	2.48	2.79	2.68	2.81	2.77	2.6250

Na tabela 4.1, R1, R2, R3, R4 são as réplicas da rugosidade da superfície (Ra) da peça de trabalho de AISI 1040 torneada nas condições do ciclo 1, utilizando o ambiente de arrefecimento do fluido de corte 40 A, e R5, R6, R7, R8 são as réplicas da rugosidade da superfície da peça de trabalho de AISI 1040 torneada nas condições do ciclo 1, sob o ambiente de arrefecimento do fluido de corte 30 A, e estas réplicas são repetidas para todos os oito ciclos.

4.2 Gráficos de alavancagem e gráficos médios LS para velocidade do fuso, taxa de alimentação, concentração de fluido e profundidade de corte versus rugosidade da superfície.

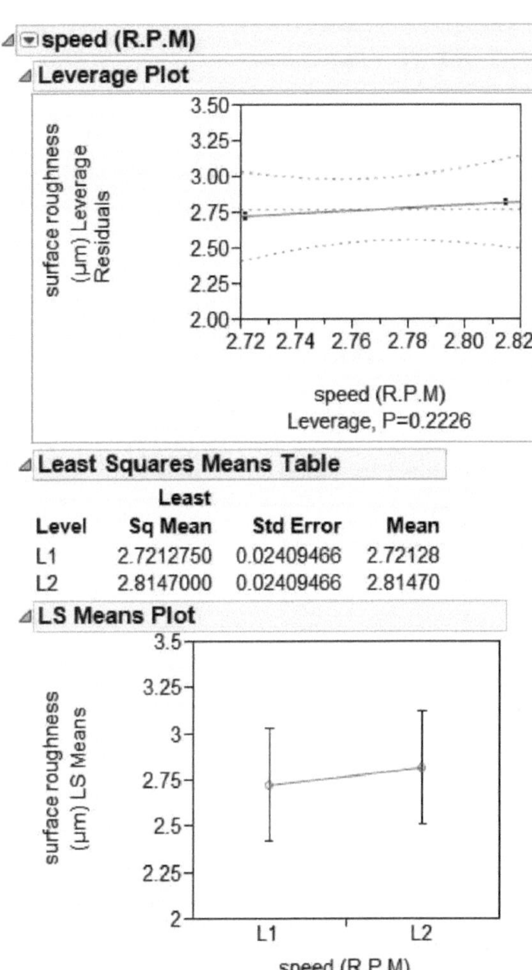

Level	Least Sq Mean	Std Error	Mean
L1	2.7212750	0.02409466	2.72128
L2	2.8147000	0.02409466	2.81470

Fig. 4.1 Gráficos de alavancagem e de média dos mínimos quadrados para a velocidade do

fuso

Os gráficos de médias dos mínimos quadrados na fig.4.1 para a velocidade do fuso mostram que a rugosidade da superfície apresenta uma tendência crescente com o aumento da velocidade do fuso, de acordo com o gráfico de alavancagem da velocidade, o efeito do aumento da velocidade do fuso foi considerado insignificante, tal como sugerido pelo valor p.

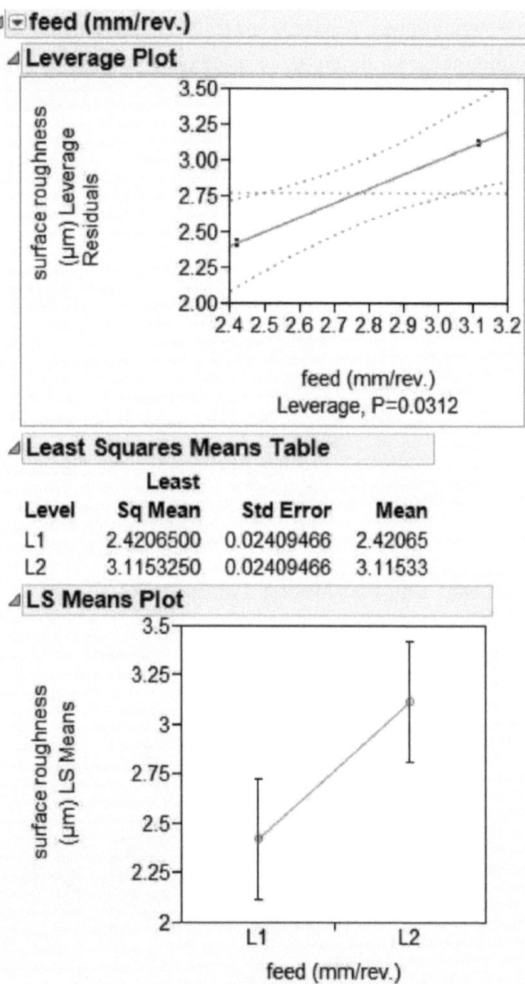

Level	Least Sq Mean	Std Error	Mean
L1	2.4206500	0.02409466	2.42065
L2	3.1153250	0.02409466	3.11533

Fig. 4.2 Gráficos de alavancagem e de média dos mínimos quadrados para a taxa de alimentação

Os gráficos de média dos mínimos quadrados na fig. 4.2 para a taxa de alimentação mostram que a rugosidade da superfície apresenta uma tendência crescente com o aumento da taxa de alimentação, o gráfico da alavanca de alimentação mostra que o efeito da taxa de alimentação na rugosidade da superfície é significativo, tal como sugerido pelo valor p.

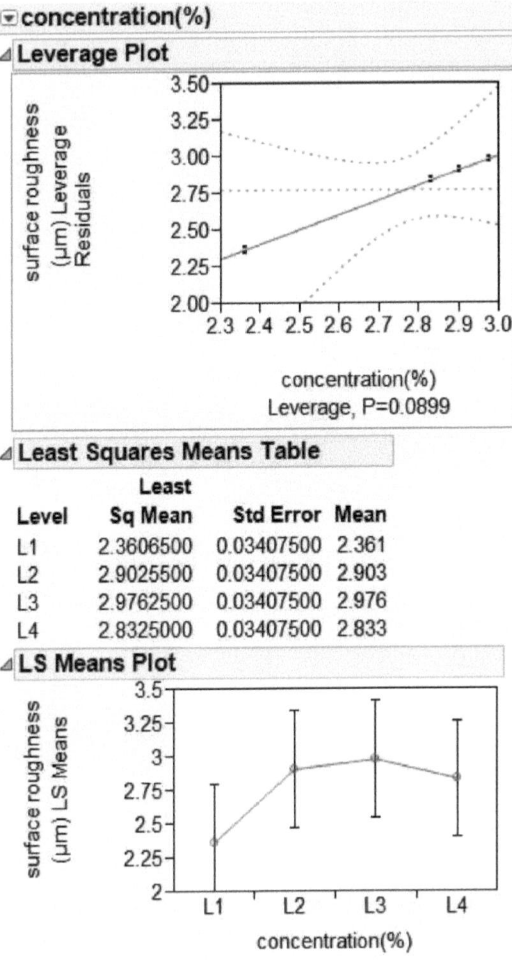

Level	Least Sq Mean	Std Error	Mean
L1	2.3606500	0.03407500	2.361
L2	2.9025500	0.03407500	2.903
L3	2.9762500	0.03407500	2.976
L4	2.8325000	0.03407500	2.833

Fig. 4.3 Gráficos de alavancagem e de média dos mínimos quadrados para a concentração do fluido de corte

Os gráficos acima na fig. 4.3 mostram que a rugosidade da superfície apresenta uma tendência crescente com o aumento da concentração do fluido de corte, mostra um aumento abrupto quando a concentração é aumentada de 2% por unidade de volume de água para uma concentração mais elevada, uma mudança notável pode ser vista quando a concentração é aumentada de 2%, mas de acordo com o gráfico de alavancagem, o efeito cumulativo da concentração é insignificante.

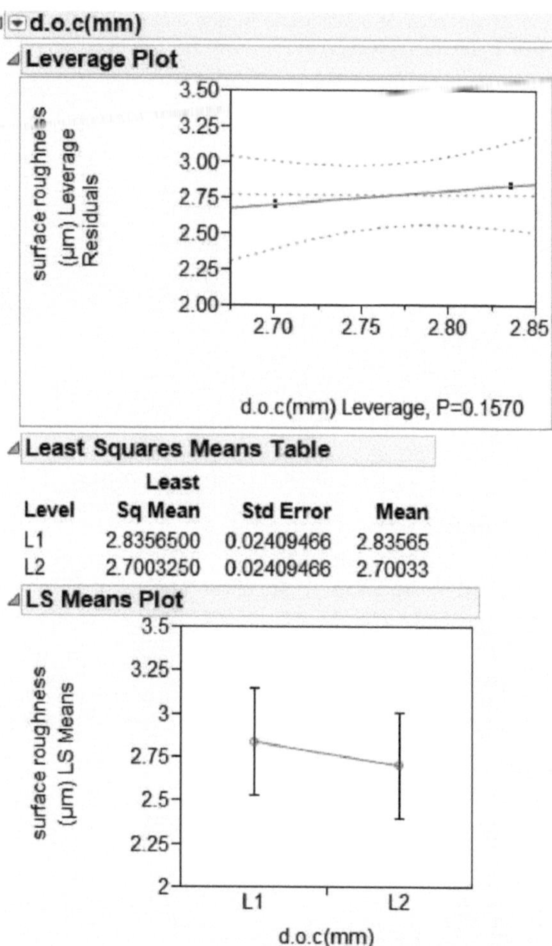

Level	Least Sq Mean	Std Error	Mean
L1	2.8356500	0.02409466	2.83565
L2	2.7003250	0.02409466	2.70033

Fig. 4.4 Gráficos de alavancagem e de média dos mínimos quadrados para a profundidade de corte

O gráfico de mínimos quadrados na figura 4.4 indica-nos que a rugosidade da superfície apresenta uma tendência decrescente à medida que a profundidade de corte aumenta, os gráficos de alavancagem indicam-nos que o efeito da profundidade de corte no fator de resposta é insignificante.

4.3 Análise de variância (ANOVA)

O objetivo da ANOVA é investigar qual o parâmetro de conceção que afecta significativamente a variável de resposta durante a experiência. A ANOVA ajuda-nos a comparar a variabilidade dentro dos dados experimentais; a ANOVA para a resposta da rugosidade da superfície é apresentada na tabela 4.2 Os dois tipos de variações presentes nos dados experimentais são

1) Variações no interior das amostras.
2) Variações entre as amostras.

Quadro 4.2 Análise de variância

ANOVA TABLE

Source	DF	Sum of Squares	F Ratio	Prob > F
d.o.c	1	0.03662571	15.7719	0.1570
concentration	3	0.46313207	66.4786	0.0899
speed	1	0.01745646	7.5172	0.2226
feed	1	0.96514671	415.6154	0.0312*

Para confirmar o significado da alimentação que descobrimos a partir dos gráficos de alavancagem, foi realizado o teste ANOVA, que deu o resultado de que a alimentação era um fator significativo que afectava a rugosidade da superfície a um nível de significância de$\alpha = 0{,}05$.

4.4 Gráficos de cubos e gráficos de desejabilidade utilizando o profiler de previsão

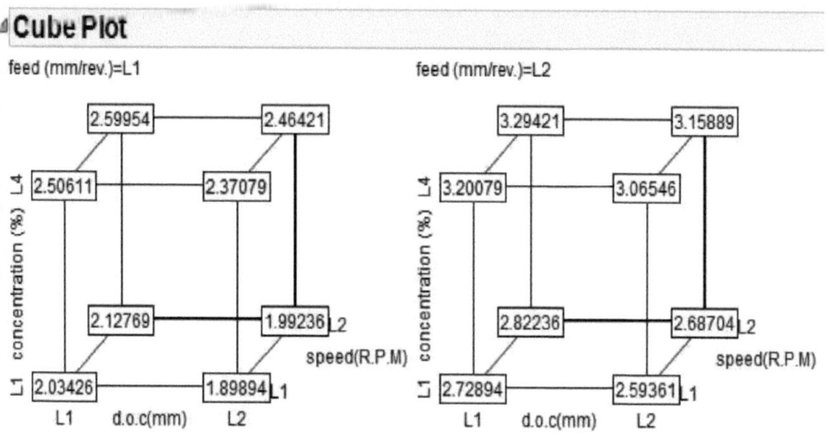

Fig. 4.5 Gráficos de cubos

Para descobrir os parâmetros ideais para a rugosidade da superfície, traçámos os gráficos de cubo utilizando o JMP e descobrimos que, a níveis de alimentação constantes L1 e L2. O parâmetro de alimentação em L1, a velocidade em L1, a profundidade de corte em L2 e a concentração de fluido de corte em L1 deram o valor ótimo de rugosidade da superfície de 1,89894 µm, como se mostra na fig. 4.5. Para confirmar a credibilidade do gráfico de cubo, utilizámos o perfil de previsão. Os perfis de previsão são especialmente úteis em modelos de resposta múltipla para ajudar a determinar quais os valores dos factores que podem otimizar um conjunto complexo de critérios, como se mostra na fig. 4.6.

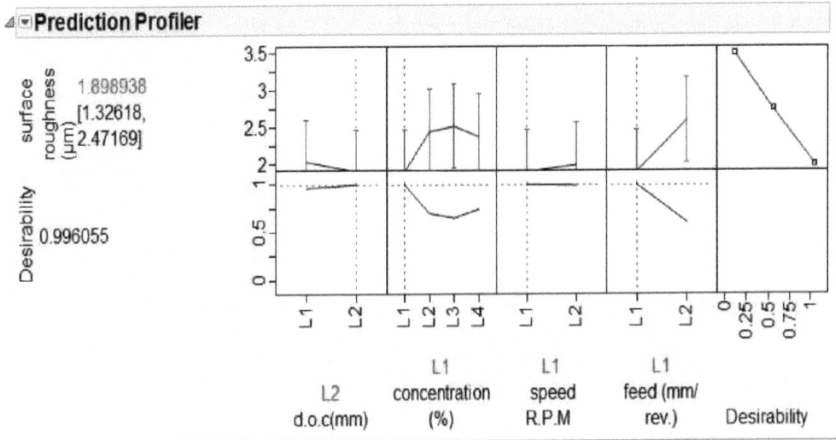

Fig. 4.6 Gráfico de desejabilidade para a resposta minimizada desenhada utilizando o perfil de previsão

A função de desejabilidade minimizada ("mais pequeno é melhor") associa valores de resposta elevados a uma desejabilidade baixa e valores de resposta baixos a uma desejabilidade elevada. A curva é a curva de maximização invertida em torno de uma linha horizontal no centro do gráfico, como se mostra na fig. 4.6.

4.5 Comparação dos dois fluidos de corte

A rugosidade da superfície e as características de arrefecimento dos fluidos de corte foram comparadas utilizando o teste t de duas amostras, assumindo variâncias populacionais iguais. A rugosidade média da superfície dos dois fluidos em diferentes passagens foi apresentada na tabela 4.3 e a temperatura média da interface foi apresentada na tabela 4.6 e os testes para provar que as variâncias são iguais para a rugosidade da superfície são apresentados na tabela 4.4, o que foi feito utilizando o teste de O' Brien, o teste de Browns, o teste de Levene, o teste de Bartlett e o teste F de dois lados e o teste de Welch, tendo sido seguido o mesmo procedimento para comparar os fluidos de acordo com as temperaturas da interface peça-ferramenta, como se mostra nas tabelas 4.7 e 4.8.

Tabela 4.3 Rugosidade média da superfície para os dois fluidos em diferentes passagens

RUN	Av. R_a CUTTING FLUID 1 40 A(μm) [A]	Av. R_a CUTTING FLUID 2 30 A(μm) [B]
1	2.1800	2.6675
2	3.0050	3.6500
3	1.8200	2.2825
4	2.6800	2.6600
5	2.5000	2.6650
6	3.2025	3.5600
7	2.9000	3.2650
8	2.4875	2.7625

Tabela 4.4 Teste para variâncias iguais (rugosidade da superfície)

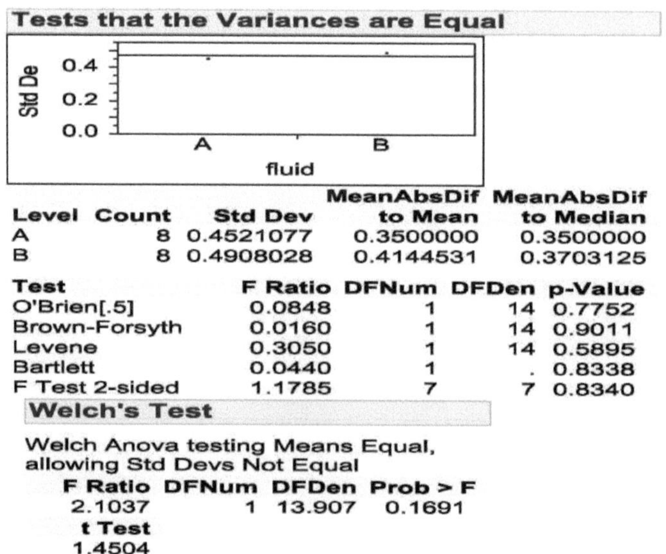
Tests that the Variances are Equal

Level	Count	Std Dev	MeanAbsDif to Mean	MeanAbsDif to Median
A	8	0.4521077	0.3500000	0.3500000
B	8	0.4908028	0.4144531	0.3703125

Test	F Ratio	DFNum	DFDen	p-Value
O'Brien[.5]	0.0848	1	14	0.7752
Brown-Forsyth	0.0160	1	14	0.9011
Levene	0.3050	1	14	0.5895
Bartlett	0.0440	1	.	0.8338
F Test 2-sided	1.1785	7	7	0.8340

Welch's Test

Welch Anova testing Means Equal, allowing Std Devs Not Equal

F Ratio	DFNum	DFDen	Prob > F
2.1037	1	13.907	0.1691

t Test
1.4504

Na tabela 4.4, o fluido de corte 40 A é escrito como A e o fluido de corte 30 A é escrito como B, as variâncias dos dois fluidos foram assumidas como iguais e as hipóteses foram testadas utilizando vários testes mostrados na tabela 4.4, as hipóteses foram consideradas verdadeiras, uma vez que o valor p em qualquer um dos testes não teve valor inferior a 0,05, pelo que podemos concluir que não há diferença significativa na variância da rugosidade da superfície produzida por dois fluidos diferentes e aplicar o teste t agrupado para variância igual para comparar as médias da população, o que é mostrado na tabela 4.5

Tabela 4.5 Teste T pressupondo variâncias iguais (rugosidade da superfície)

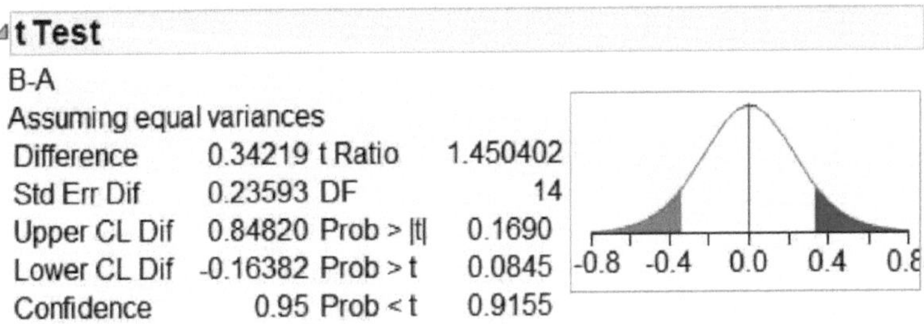

No teste t apresentado na tabela 4.5 acima, os resultados do teste estão contidos na caixa do teste T e mostram que (t = 1,450, valor p bilateral = 0,1690) não há evidência de uma diferença significativa na rugosidade média da superfície Ra produzida pelos dois fluidos A e B.

Tabela 4.6 Temperatura média da interface peça-ferramenta para os dois fluidos em diferentes execuções

RUN	Av. Temperature CUTTING FLUID 1 40 A (^{0}C) [a]	Av. Temperature CUTTING FLUID 2 30 A (^{0}C) [b]
1	25.80	25.30
2	25.15	24.60
3	24.25	25.65
4	26.30	28.25
5	25.85	25.60
6	26.75	25.50
7	27.30	26.50
8	27.25	27.40

Tabela 4.7 Teste para variâncias iguais (temperatura da interface)

Tests that the Variances are Equal

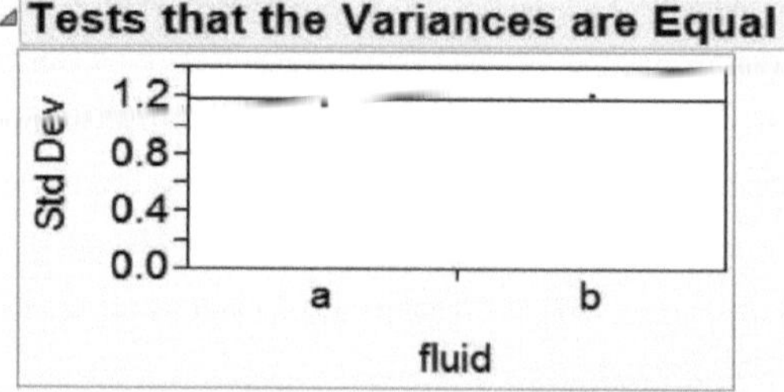

Level	Count	Std Dev	MeanAbsDif to Mean	MeanAbsDif to Median
a	8	1.139372	0.8812500	0.8812500
b	8	1.205642	0.9625000	0.8500000

Test	F Ratio	DFNum	DFDen	p-Value
O'Brien[.5]	0.0303	1	14	0.8643
Brown-Forsythe	0.0060	1	14	0.9393
Levene	0.0656	1	14	0.8016
Bartlett	0.0209	1	.	0.8851
F Test 2-sided	1.1197	7	7	0.8853

Na tabela 4.7, o fluido de corte 40 A é escrito como a e o fluido de corte 30 A é escrito como b, as variâncias dos dois fluidos foram assumidas como iguais e as hipóteses foram testadas utilizando vários testes mostrados na tabela 4.4, as hipóteses foram consideradas verdadeiras, uma vez que o valor p em qualquer um dos testes não teve valor inferior a 0,05, pelo que podemos concluir que não há diferença significativa na variância da temperatura da interface produzida por dois fluidos diferentes durante o torneamento e aplicar o teste t agrupado para variância igual para comparar as médias da população, o que é mostrado na tabela 4.8

Tabela 4.8 Teste T pressupondo variâncias iguais (Temperatura da interface)

t Test

b-a

Assuming equal variances

Difference	-0.0437	t Ratio	-0.0746
Std Err Dif	0.5865	DF	14
Upper CL Dif	1.2141	Prob > |t|	0.9416
Lower CL Dif	-1.3016	Prob > t	0.5292
Confidence	0.95	Prob < t	0.4708

-2.0 -1.0 0.0 1.0 2.0

No teste t apresentado na tabela 4.8 acima, os resultados do teste estão contidos na caixa do teste T e mostram que (t = -0,0746, valor p bilateral = 0,9416) não há evidência de uma diferença significativa na rugosidade média da superfície Ra produzida por dois fluidos a e b.

4.6 Teste de confirmação

Para confirmar a otimização que foi descoberta através dos gráficos de cubo e dos gráficos de desejabilidade, foram realizados testes com os níveis óptimos dos parâmetros dados - profundidade de corte, concentração do fluido de corte, velocidade do fuso e taxa de avanço - como L2, L1, L1 , L1 respetivamente. Como não foi observada qualquer diferença significativa entre os fluidos de corte durante o teste t, foi utilizado um ambiente de corte que incluía ambos os fluidos de corte, um a um. A rugosidade óptima da superfície foi de 1,91μm, o que é próximo de 1,8989, tal como previsto no gráfico de previsão e no gráfico do cubo. Os resultados do ensaio de confirmação são apresentados na tabela 4.9.

Tabela 4.9 Ensaio de confirmação da rugosidade óptima da superfície (Ra)

SURFACE ROUGHNESS (R_a) CUTTING FLUID 40 A (μm)					SURFACE ROUGHNESS (R_a) CUTTING FLID 30 A (μm)				
RUN	R_1	R_2	R_3	R_4	R_5	R_6	R_7	R_8	R_{mean}
CONFIRMATORY	1.80	1.75	1.78	1.90	2.07	2.03	2.05	1.90	1.91

4.7 Modelo de regressão

Foi construído um modelo de regressão significativo, excluindo o fator mais insignificante da velocidade do fuso. Na fig. 4.7 é apresentado um gráfico real por previsão da rugosidade da superfície

abaixo

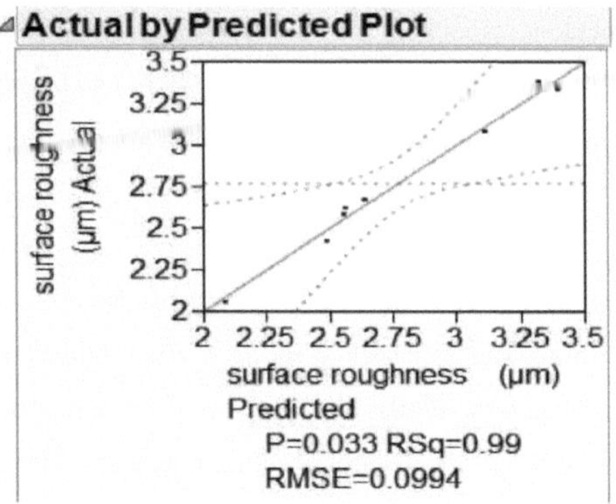

Fig. 4.7 Gráfico da rugosidade da superfície real e prevista

No gráfico de previsão mostrado acima, o valor de Rsq (coeficiente de determinação) próximo de 1 e p inferior a 0,05 indicam que o modelo é significativo, o que também é mostrado no resumo do ajuste e na tabela ANOVA 4.10 e a expressão da previsão é mostrada na tabela 4.7 abaixo

Tabela 4.10 Resumo do ajuste e tabela ANOVA

Summary of Fit

RSquare	0.986678
RSquare Adj	0.953374
Root Mean Square Error	0.099445
Mean of Response	2.767988
Observations (or Sum Wgts)	8

Analysis of Variance

Source	DF	Sum of Squares	Mean Square	F Ratio
Model	5	1.4649045	0.292981	29.6259
Error	2	0.0197787	0.009889	**Prob > F**
C. Total	7	1.4846832		0.0330*

Tabela 4.7 Expressão de previsão

Prediction Expression

$$
\begin{aligned}
&2.7679875\\
&+\text{Match}\left(\text{d.o.c}\right)\left|\begin{array}{l}\text{"L1"} \Rightarrow 0.0676625\\ \text{"L2"} \Rightarrow -0.0676625\\ \text{else} \Rightarrow .\end{array}\right|\\
&+\text{Match}\left(\text{concentration}\right)\left|\begin{array}{l}\text{"L1"} \Rightarrow -0.4073375\\ \text{"L2"} \Rightarrow 0.1345625\\ \text{"L3"} \Rightarrow 0.2082625\\ \text{"L4"} \Rightarrow 0.0645125\\ \text{else} \Rightarrow .\end{array}\right|\\
&+\text{Match}\left(\text{feed}\right)\left|\begin{array}{l}\text{"L1"} \Rightarrow -0.3473375\\ \text{"L2"} \Rightarrow 0.3473375\\ \text{else} \Rightarrow .\end{array}\right|
\end{aligned}
$$

4.8 Conclusões

Esta tese apresentou a aplicação do design da experiência e vários métodos estatísticos, como gráficos de alavancagem, gráficos de desejabilidade, método ANOVA, etc., para otimizar a rugosidade da superfície durante o torneamento húmido do aço AISI 1040 numa máquina de torno CNC. Dois fluidos de corte com diferentes óleos de base foram também comparados utilizando testes t com base no seu efeito na rugosidade da superfície e na temperatura da interface peça-ferramenta durante o torneamento. Foram retiradas as seguintes conclusões da experiência.

1) A taxa de alimentação tem um efeito significativo e dominante na rugosidade da superfície do aço AISI 1040 durante a operação de torneamento CNC húmido.

2) Verificou-se que a rugosidade da superfície tende a aumentar com o aumento da velocidade, do avanço e da concentração do fluido de corte, mas apresenta uma tendência oposta quando a profundidade de corte é aumentada.

3) Não foram encontradas diferenças significativas entre os fluidos de corte quando comparados com base no seu efeito sobre a rugosidade da superfície e a temperatura da interface peça-ferramenta.

4) A utilização do método de conceção personalizado do JMP ajudou a reduzir o número de experiências de 64 para 16.

4.9 Âmbito dos trabalhos futuros

Esta experiência acrescentou alguns dados preciosos ao registo dos processos de otimização. Foi bem sucedida na consecução do seu objetivo de otimizar a rugosidade da superfície do AISI 1040 durante o torneamento CNC a húmido, embora não tenha sido encontrada qualquer diferença significativa no desempenho dos dois fluidos de corte, o que ajudou a tornar o processo robusto, mas ainda existe margem para melhorias no campo da otimização da rugosidade da superfície. Poderiam ser introduzidos novos factores, como o caudal de fluido, a comparação entre o torneamento a húmido e a seco, uma vez que se verificou que a rugosidade da superfície aumenta com o aumento da concentração do fluido de corte, poderia ser utilizado um novo tipo de técnica estatística, não foi considerada qualquer interação na experiência e as interacções poderiam ser consideradas utilizando desenhos maiores a partir do desenho de experiências.

Referências

[1] Todd, Robert H., Allen, Dell K., Alting, Leo, Manufacturing processes reference guide, First Edition, Industrial press inc., 200 Madison Avenue, New York, 1994, p. 153.

[2] Somashekara, H.M., Swamy, N. Lakshmana, Optimizando a rugosidade da superfície na operação de torneamento usando a técnica de taguchi e anova, International Journal of Engineering Science and Technology, Vol. 4, No. 5, 2012, p.1967-1973.

[3] Juneja, B.L., Seth Nitin, Sekhon G.S., Fundamentals of metal cutting and machining tools, Second Edition, New Age pub, 4835/24 Daryaganj, New Delhi, 2003, p.89-91.

[4] Groover Mikell P., Fundamentals of modern manufacturing, Third edition, Wiley India P. Ltd., 4435/7, Ansari road, Daryaganj, New Delhi, 2011.

[5] Sandvik Coromant, Insert shape, Retrieved 30/06/2013, online http://www.sandvik.coromant.com/en-gb/knowledge/general_turning/getting_started/choice_of_insert/insert_shape/pages/default.aspx

[6] Marinov Valery, Manufacturing technology, Cutting tool materials, Recuperado em 29/06/2013, online http://me.emu.edu.tr/me364/ME364_cutting_materials.pdf, p. 86-88.

[7] Smid Peter, CNC programming handbook, segunda edição, Industrial press inc., 200 Madison Avenue, Nova Iorque, 2003, p. 87-88.

[8] Kadirgama K., Noor M. M., Abou-El-Hossein K.A., Habeeb H.H., Rahman M.M., Mohamad B., R.A. Bakar, Effect of dry cutting on force and tool life when machining aerospace material, International Journal of Mechanical and Materials Engineering, 1:2, 2010, p. 93-97.

[9] Fox valley technical college, Cutting fluid types and uses, Recuperado em 20/05/2013, online http://www.wisc-online.com/objects/MTL5302/MLT5302.htm, 2002.

[10] Fluidos de corte, Cutting fluids in machining, Obtido em 4/04/2013, online http://www.mfg.mtu.edu/testbeds/cfest/fluid.html

[11] Kuram Emel, Ozcelik Babur, Demirbas Erhan, Green manufacturing processes and systems, Environmentally friendly machining: Vegetable based cutting fluids, Springer Berlin Heidelberg, Tribology, 2013, p. 23-47.

[12] Reliability hotwire, Introduction to design of experiments, Retrieved 21/05/2013, Online http://www.weibull.com/hotwire/issue84/hottopics84.htm, Issue 84, 2008.

[13] SAS Institute Inc., JMP for design of experiments, Custom designs, Retrieved 25/04/2013, Online http://www.jmp.com/uk/applications/doe/, 2013.

[14] Freund Rudolf Jacob, Littell C. Ramon, Creighton Lee, Regression using JMP, First Edition, SAS Institute and Wiley, Cary, North Carolina 27513, USA, 2003, p. 110.

[15] Sall John, Leverage plots for general linear hypotheses, The American Statistician, Volume 44, No.4, 1990.

[16] SAS Institute Inc., Modelação e métodos multivariados, detalhes do gráfico Leverage, Online http://www.jmp.com/support/help/Leverage_Plot_Details.shtml, 2013

[17] SAS Institute Inc., Modelação e métodos multivariados, The profiler, Online http://www.jmp.com/support/help/The_Profiler.shtml, 2013

[18] Monarch labs, Universidade de Minnesota, Two sample t test, Online http://www.monarchlab.org/Lab/Research/Stats/2SampleT.aspx

[19] Mahapatra S.S, Patnaik Amar, Patniak Prabina Ku., Parametric analysis and optimization of cutting parameters for turning operations based on taguchi method, Proceedings of the International Conference on Global Manufacturing and Innovation, July 27-29 2006, p. 1-9.

[20] Xaviour M. Anthony, Adithan M., Determining the influence of cutting fluids on tool wear and surface roughness during turning of AISI 304 austenic stainless steel, Journal of Materials Processing Technology, Volume 209, Issue 2, 2009, p. 900-909.

[21] Khan M. M. A., Mithu M. A. H., Dhar N.R., Effects of minimum quantity lubrication on turning AISI 9310 alloy steel using vegetable oil based cutting fluid, Journal of Materials Processing Technology Volume 209, Issue 15-16, p. 5573-5583.

[22] Abhang L. B., Hameedullah M., Modelação e análise da rugosidade superficial na maquinagem do aço EN-31 utilizando a metodologia da superfície de resposta, International Journal of Applied Research in Mechanical Engineering, Volume 1, Issue 1, 2011.

[23] Tzeng Chorng-Jyh, Lin Yu-Hsin, Yang Yung-Kuang, Jeng Ming-Chang, Otimização de operações de torneamento com múltiplas características de desempenho utilizando o método de taguchi e análise relacional cinzenta, Journal of Material Processing Technology, volume 209, Issue 6, 2009, p. 2753-2759.

[24] Davis Rahul, Otimização da rugosidade da superfície na operação de torneamento húmido do aço EN 24, Revista Internacional de Investigação e Desenvolvimento em Engenharia Mecânica e de Produção, Volume 2, Edição 3, 2012, p. 28-35.

[25] Dhar R. Nikhil, Islam Sumaiya, Kamruzzaman Md., Paul Soumitra, Wear behaviour of uncoated carbide inserts under dry, wet and cryogenic cooling conditions in turning C-60 steel, Journal of the Brazilian Society of Mechanical Sci. And Eng., Vol. 28, Issue 2, 2006, p.146-152.

[26] Reddy N. Suresh Kumar, Rao P. Venkateshwara, A genetic algorithm approach for optimization of surface roughness prediction model in dry milling, Machining Science and Technology - An international Journal, Volume 9, Issue 1, 2005, p. 63-84.

[27] Alves Martins Salete, Olivera João Fernando Gomes de, Fluido de corte de base vegetal - uma alternativa ambiental ao processo de retificação, 15th CIRP International Conference on Life Cycle Engineering, 2008.

[28] Yang W. H., Tarng Y. S., Design optimization of cutting parameters for turning operations based on taguchi method, Journal of material processing technology, Volume 84, Issue 1-3, 1998, p.122-129.

[29] Kirby E. Daniel, A parameter design study in turning operation using the taguchi method, the Technology interface/fall 2006, 2006, p. 1-14.

[30] Thamizhmanni S., Saparudin S., Hasan S., Analysis of surface roughness by turning process using Taguchi method, Journal of Achievements in Material and Manufacturing Engineering, Volume 30, Issues 1-2, 2007, p. 503-506.

[31] Thamizhmanni S., Omar B. Bin, Saparudin S., Hasan S., Surface roughness analysis on hard martensitic stainless steel by turning, Journal of Achievements in Material and Manufacturing Engineering, Volume 26, Issue 2, 2008, p. 139-142.

[32] Lin W.S., The study of high speed fine turning of austenitic stainless steel, Journal of Achievements in Materials and Manufacturing Engineering, Volume 27, Issue 2, 2008, p. 191-194.

[33] Xavior M. Anthony, Adithan M., Determining the influence of cutting fluids on tool wear and surface roughness during turning of AISI 304 austenitic stainless steel, Journal of Material Processing Technology, Volume 209, Issue 2, 2009, p. 900-909.

[34] Bhattacharya Anirban, Das Santanu, Majumder P., Batish Ajay, Estimating the effect of cutting parameters on surface finish and power consumption during high speed machining of AISI 1045 steel using Taguchi design and ANOVA, Volume 3, Issue 1, 2009, p. 31-40.

[35] Gokkaya Hasan, The effect of machining parameters on cutting forces, surface roughness, built up edge (BUE) and built up layer (BUL) during machining AA2014 (T4) alloy, Strojniski vestnik - Journal of Mechanical Engineering, Volume 56, Issue 9, 2010, p. 584-593.

[36] Kuram E., Ozcelic B., Demirbas E., §ik E., Effects of the cutting fluid types and cutting parameters on surface roughness and thrust force, Proceedings of the World Congress on Engineering, London , U.K, Volume 2, June 30- July 2, 2010.

[37] Krishna P. Vamsi, Srikant R.R., Rao D. Nageswara, Investigação experimental sobre o desempenho de suspensões de ácido nanobárico em SAE-40 e óleo de coco durante o torneamento de aço AISI 1040, International Journal of Machine Tools and Manufacture, Volume 50, Issue 10, 2010, p. 911-916.

[38] Singh Hardeep, Khanna Rajesh, Garg M.P., Effect of cutting parameters on MRR and surface roughness in turning EN-8, Current Trends in Engineering Research, Volume 1, Issue 1, 2011, p. 100-104.

[39] Sharma Nitin, Ahmad Shahzad, Khan Zahid A., Siddiquee Arshad Noor, Otimização dos parâmetros de corte para a rugosidade da superfície no torneamento, Revista Internacional de Investigação Avançada em Engenharia e Tecnologia (IJARET), Volume 3, Edição 1, 2012, p. 86-96.

[40] Davis Rahul, Alazhari Mohamaed, Otimização dos parâmetros de corte na operação de torneamento a seco de aço macio, International Journal of Advanced Research in Engineering and Technology (IJARET), Volume 3, Edição 2, 2012, p. 104-110.

[41] Das S.R., Nayak R.P., Dhupal D., Optimization of cutting parameters on tool wear and workpiece surface temperature in turning of AISI D2 steel, International Journal of Lean Thinking, Volume 3, Issue 2, 2012, p. 140-156.

[42] Singh Didar, Verma Mukesh, Singh H., Investigação experimental da rugosidade da superfície e MRR no torneamento a seco de EN-8 em torno CNC, Conferência Internacional sobre Avanços e Tendências Futuristas em Engenharia Mecânica e de Materiais, 5-7 de outubro de 2012.

Printed by Books on Demand GmbH, Norderstedt / Germany